[개정판]

과학으로 보는
문화와 미래 사회

지은이 이원하

경북대학교 유전공학과 학사
텍사스주립대학교(오스틴) 면역학 박사
서울대학교 의과대학 암연구소 선임연구원
삼성생명과학연구소 임상의학센터 위촉연구원
삼성의료원 심혈관센터 책임연구원
성균관대학교 의과대학 연구전임강사
루이지애나주립대학교 페닝턴 생명의학연구소 조교수
미국립보건원 노화연구소 연구원
현(現) 경북대학교 생명과학부 교수

수상
2013년 경북대학교 자연과학대학 선정 우수교육교수
2020년 경북대학교 교육상

과학으로 보는 문화와 미래 사회[개정판]

초판 1쇄 2020년 12월 4일 | **개정 2쇄** 2024년 1월 31일
지은이 이원하 | **펴낸이** 홍원화 | **펴낸 곳** 경북대학교출판부
출판등록 1973년 10월 10일 ㉒97호 | **주소** 대구광역시 북구 대학로 80
전화 053-950-3830 | **팩스** 053-953-4692
이메일 press@knu.ac.kr | **홈페이지** http://knupress.com
ISBN 978-89-7180-591-6 93400

정가는 뒤표지에 있습니다. 파본은 바꾸어 드립니다.

[개정판]

과학으로 보는 문화와 미래 사회

이원하 지음

경북대학교출판부

서문

문화에서 찾아보는 과학기술

인류는 수십억 년의 세월을 거치면서 자연환경에 적응하려는 진화의 산물로 태어났으며, 생존을 위해 경험적 사고와 합리성을 갖추도록 진화를 거듭해 왔다. 혹독한 자연에 맞서 투쟁하고 환경을 더 잘 이용하려 노력하는 과정에서 체험을 통해 습득된 생활의 지혜가 축적·공유·전달되면서 우리의 행동 양식에 반영되어 문화의 형태를 띠게 되었다. 이러한 과정에서 축적된 과학적 지식과 기술적 발전은 우리 생활을 더욱 윤택하게 하면서 문화를 한층 더 성숙시키고 있다. 즉 문화는 과학의 또 다른 모습인 것이다.

문화는 인간이 자연 상태에서 벗어나 특정한 목적을 추구함으로써 얻어지는 기술 및 지식의 축적을 통해 형성된 결과물이나 행동 양식을 모두 포함한 개념이다. 문화는 의식주와 같은 인간 생존에 관여하는 기본적인 분야뿐만 아니라 여행, 예술, 오락 및 운동과 같은 다양한 분야에서도 형성된다. 여러 영역의 문화는 서로 영향을 주고받으며 시간에 따라 변화하여 그 시대 인간의 삶을 표현한다.

문화의 형성에 가장 큰 영향을 미치는 것은 자연환경이다. 특히 의식주와 같은 기본적인 분야에서의 문화는 자연에 의해 더 크게 영향을 받게 된다. 따라서 수천 년의 경험을 바탕으로 하는 우리의 생활문화에는 자연에 적응하면서 부지불식간에 축적된 과학적 비밀이 숨겨져 있다. 우리 조상의 의식주문화를 중심으로 그 속에 녹아 있는 과학적 지식을 찾아보는 것이 이 책의 첫 번째 목적이다. 무더운 여름과 건조하고 차가운 겨울이 번갈아 찾아오는 한반도의 자연환경을 이겨 내기 위해 우리 조상들은 어떻게 먹거리를 구하고 저장하였으며 어떤 의복을 지어 입었으며 어떤 집을 지었는지 알아보고 그 속에 들어 있는 과학적 의미를 알아보는 것은 우리 것과 우리 자신을 좀 더 정확히 이해하는 데 도움이 될 것이다. 이와 더불어 생활문화의 최신 경향을 알아보고 가정문화의 바탕이 되는 과학적 지식도 알아보고자 한다.

문화는 고정적으로 유지되는 것이 아니라 사회와 시대의 변화를 거치면서 끊임없이 변화하는데 이러한 변화는 과학기술의 발전과 아주 밀접한 관련이 있다. 말이나 마차를 타고 다녔던 고대 및 중세 사회의 여행문화와, 비행기와 자동차를 타고 다니는 현대의 여행문화는 너무나 확연히 차이가 난다. 더 나아가 하이퍼루프(공기저항을 받지 않고 고속의 열차가 다니는 진공의 터널)와 우주선이 이용될 미래의 여행문화는 현대의 여행문화와는 완전히 다를 것이다.

과학기술의 발전에 따라 문화가 변화한다면 다음과 같은 의문을 가질 수 있다. 미래의 과학기술은 어떻게 발전할 것이며 이러한 과학기술의 발전이 우리 문화에 어떤 영향을 미칠까? 이것을 알아보고자 하는 것이 이 책의 또 다른 목표이다. 제4차 산업혁명으로 대변되는 미래의 과학기술은 사물인터넷과 무선통신의 발달로 인해 인간과 사물 그리고 사이버 세상이 연결되는 것이 그 핵심이며, 이러한 초연결사회를 구현하기 위해 인공지능과 자동화된 로봇들이 백분 활용될 것이다. 자율주행차, 메타버스, 증강인간, 수소 도시, 인공태양, 양자컴퓨터가 등장하는 미래의 과학기술은 다양한 방면에서 우리 문화에 엄청난 변화를 예고하고 있다.

이 책이 독자들에게 지난 세월 선조들의 과학적 지혜를 되돌아볼 기회를 제공하고 이를 바탕으로 앞으로의 과학발전이 몰고 올 문화적 변화를 예측하도록 하여 미래에 대한 적응력을 높이고 더 나아가 미래 사회의 변화를 주도할 수 있는 역량을 기르는 데 도움이 되었으면 한다.

CONTENTS

CONTENTS

3 과학으로 보는 **의복문화**

4 **가정**에서 찾아보는 과학 이야기

5 과학발전과 **미래 문화**

들어가며

문화란 무엇인가?

문화(文化)의 사전적 의미를 찾아보면 다음과 같다.

> 자연상태에서 벗어나 일정한 목적 또는 생활 이상을 실현하고자 사회 구성원에 의하여 습득, 공유, 전달되는 행동 양식이나 생활 양식의 과정 및 그 과정에서 이룩하여 낸 물질적·정신적 소득을 통틀어 이르는 말. 의식주를 비롯하여 언어, 풍습, 종교, 학문, 예술, 제도 따위를 모두 포함한다.
>
> – 국립국어원, 『표준국어대사전』

위의 정의에서 알 수 있듯이 문화는 어떠한 목적을 이루어 내는 과정에서 형성된다. 예를 들면 집짓기라는 목적을 위해 사회 구성원들이 노력하는 과정 중에 경험이 축적되고 시간이 지나서 다음에 집을 지을 때는 더 쉽게, 더 좋은 집을 지을 수 있게 된다. 이러한 경험은 주변인들에게 전해지게 되고 다른 사람의 경험이 더해지면서 집을 짓는 방식이 점점 더 정교해지게 된다. 이러한 과정이 계속된다면 집을 짓는 특정한 순서 혹은 방식이 확립되고 그러한 집을 짓는 방법이나 그 속에서 사는 사람들의 생활 방식은 문화의 형식을 띠게 된다. 이러한 예는 비단 집짓기뿐만 아니라 인간의 활동에 관여하는 모든 분야에 적용되어 다양한 형태의 문화를 만들어 낸다.

문화는 또한 시대의 흐름에 따라 지속적인 변화를 겪게 된다. 음식문화를 살펴보자. 한국인의 전통적인 밥상은 밥과 국을 중심으로 김치, 된장, 고추장을 이용한 각종 발효음식이 주를 이룬다. 그러나 요즘 우리의 음식문화는 육류 소비량이 늘고 쌀 소비량이 줄어들었다. 음식을 냉동하는 방식이 발달하여 발효음식보다는 신선음식의 비율이 높아졌다. 여행문화를 보면 고대나 중세의 경우 여행 수단이 말이나 마차 등으로 한정되어 있어 일반인들이 자신의 생활권을 벗어나 여행하는 것은 아주 힘들었다. 그러나 지금은 열차, 비행기, 자동차와 같은 교통수단의 발달로 인해 일반인들도 국내외의 다양한 여행지를 자유롭게 여행할 수 있게 되었다. 교통 여건의 변화와 함께 의식의 변화도 여행문화를 바꾸는 데 관여했다. 한국인의 초기 해외여행은 패키지여행 형태가 주를 이루어 짧은 시간 동안 다수의 유명 관광지를 돌면서 사진을 찍고 겉만 훑어보는 방식이었다. 그러나 이러한 주마간산(走馬看山)식의 여행에 대한 회의론이 우세해지면서 개인이 자유롭게 일정을 조정해 원하는 곳에 마음껏 머무를 수 있는 자유여행이 늘어나고 있다.

음식문화는 지역에 따라 현격한 차이를 보인다. 우리의 한식문화에 비해 서구의 음식문화는 스테이크, 치즈, 버터와 같은 육류 위주의 식단에 탄수화물로는 감자나 밀이 주를 차지한다. 아시아의 음식문화는 젓가락을 사용하는 것이 특징인데, 같은 아시아권 나라지만 우리나라는 쇠젓가락을 사용하는 반면 일본과 중국은 나무젓가락을 사용한다.

한 가지 형태의 문화는 연관된 다른 문화의 형성에 영향을 주게 된다. 전통한옥을 보면 안방과 건넌방은 온돌방이며 이들 방은 마루를 통해 연결되어 있다. 온돌은 방바닥이 따뜻하므로 엉덩이를 바닥에 붙이고 앉아 생활하거나 그 위에 이불을 깔고 누워 자게 된다. 신발을 신고 방에 들어가면 바닥이 금세 더러워지고 위생에 좋지 않기 때문에 마루 앞에 댓돌을 두고 그 위에 신발을 벗어 놓고 마루를 통해 방으로 들어가는 행동 양식이 생기게 되었다. 이처럼 한옥문화는 좌식(左式) 생활문화를 낳았다. 반면에 중국이나 서양의 집들은 벽난로 혹은 라디에이터를 이용하여 난방하기 때문에 바닥이 따뜻하지 않다. 따라서 방바닥에 앉기보다는 책상과 의자를 사용하게 되고 침대 위에서 잠을 자는 생활 방식을 선호하게 된다. 의자에 앉거나 침대에 누워 자기 때문에 바닥 위생에 크게 신경 쓰지 않고 신발을 신은 채로 방에 들어갈 수 있어 입식(立式) 생활을 하게 된 것이다.

문화 형성에 영향을 미치는 가장 큰 변수는 자연환경이라 할 수 있다. 가장 기본적인 의식주문화를 살펴보자. 우리가 입는 의복은 계절에 따라 바뀐다. 사계절이 뚜렷한 한반도에 사는 우리 민족은 무더운 여름에는 삼베나 모시로 만들어서 몸에 감기지 않는 시원한 옷을 입고, 건조하고 추운 겨울에는 목화로 만든 면이나 솜을 넣어 누빈 옷을 입는 문화가 발달하게 되었다. 일 년의 대부분이 여름인 적도 지방에 사는 사람들은 두꺼운 옷이 필요 없고 몸의 주요 부위를 가리기만 하면 족하지만, 추운 북극 지방에 사는 사람들은 두꺼운 털옷을 입는 문화가 발달할 수밖에 없다. 주거문화도 마찬가지다. 집을 지을 때 재료부터 주변의 자연환경에서 쉽게 찾을 수 있는 재료를 이용하게 된다. 에스키모는 빙하의 얼음을 이용하여 '이글루(igloo)'라 불리는 얼음집을 짓고, 몽골 초원의 유목민들은 나무로 만든 뼈대에 가축의 가죽이나 털로 짠 천을 두른 '게르(ger)'라 불리는 천막집을 짓고 살았다. 한반도에 살아왔던 우리 조상들은 소나무, 돌, 흙, 볏짚, 한지를 이용하여 추운 겨울과 무더운 여름을 견뎌 내는 견고한 한옥을 지었다. 음식문화를 보면 열대 지방은 언제나 먹을 것을 밀림에서 찾을 수 있어 저장문화가 발달하지 않았지만, 사계절이 뚜렷한 지역에 거주하는 경우, 여름이나 가을에 음식물을 거두어 겨울에도 먹기 위해서 저장하는 다양한 방법이 개발되었고 발효음식을 먹는 문화가 발달하였다. 이렇게 자연은 주거문화뿐만 아니라 의생활과 식생활 전반에 걸쳐 지대한 영향을 주기 때문에 문화 형성에 가장 큰 영향을 미친다고 할 수 있다.

그렇다면 문화는 어떤 과정을 거쳐 형성되는 것일까? 우선 사람이 자연 그대로의 상태에서 벗어나 어떤 목적을 가지고 활동을 하게 되면 경험이 쌓인다. 이렇게 쌓인 경험을 다른 사람들과 공유하게 되고 이것은 우리가 흔히 이야기하는 생활의 지혜로 불리게 된다. 세월이 흐르면서 생활의 지혜는 후대로 전달되고 주변 사람들과 공유되면서 좀 더 객관적인 형태를 가지는 과학과 기술의 형태로 발전하게 된다. 과학기술의 발전이 가져오는 생활의 개선과 물질적·정신적 풍요는 다시 문화의 형성 및 발전에 주요 자양분이 되어 더욱더 정교한 형태의 문화로 발전하게 된다.

문화 형성의 과정을 이해하기 위해 일례로 음식물을 보관하는 방법에 관해 생각해 보자. 음식물을 오래 보관하려면 간단하게는 햇볕에 말려 수분을 제거할 수도 있고 소금을 이용하여 염장할 수도 있다. 음식물의 장기 보관을 위해 여러 해 동안 다양한 방법을 활용하다 보면 각각의 방법에 대한 장단점을 파악하게 된다. 이러한 경험을 바탕으로 특정 상황에 따라 어떤 방법이 유리한지를 선택할 수 있는 지혜가 생긴다. 염장 보관을 할 때 음식물 대비 소금의 양은 어느 정도가 적당한지 아는 것도 지혜이다. 이러한 생활의 지혜가 축적되면 그 근본원리에 대한 고찰이 가능해진다. 염장 보관을 하면 발효가 일어나면서 음식물에 독특한 풍미가 더해지게 되는데, 이러한 변화는 다양한 박테리아가 번식하면서 음식물의 부분분해와 함께 건강에 유익한 대사산물이 많이 생겨나기 때문이다. 건강에 유익한 대사산물에 대해 알아보다 보니 유산균이 건강에 좋은 이유를 알게 되고 유산균에 의한 젖산 발효를 이해하게 되었다. 유산균의 역할에 관한 이해를 바탕으로 각종 산업이 발달하게 되고 그것이 다양한 제품과 의약품 개발로 이어져 인류의 생활을 풍요롭게 하는 데 이바지한다. 이렇게 과학기술의 발전 덕분에 가능해지는 풍요로운 생활은 여러 방면에서 문화의 꽃을 피우는 밑거름이 된다. 거꾸로 말하면 배고프고 힘든 상태에서는 여유를 가지기 어렵고 그런 상태에서는 생존에 필요한 기본적인 활동에 집중하게 되어 문화의 발전에 관련된 다양한 활동이 제약을 받게 된다.

마지막으로 강조할 것은 문화의 발전에 미치는 과학기술의 영향이다. 산업혁명 이전의 중세 사회는 100년이 지나도 삶의 방식은 거의 바뀌지 않았다. 즉, 그 시대에는 문화의 발전이 느렸다. 그러나 근대국가들은 경쟁적으로 과학기술을 개발하여 산업생산성을 높이고 국력을 키우고자 하였고 하루가 다르게 쏟아지는 새로운 과학기술적 발견과 발명을 바탕으로 삶의 방식이 빠르게 바뀌면서 문화도 덩달아 변화하고 발전을 거듭하였다. 현재의 삶의 방식과 100년 전의 방식이 얼마나 바뀌었나를 생각해 보자. 우리의 정월 대보름이나 추석은 음력 15일로, 달이 둥근 날이다. 보름달이 밤을 밝혀 주기에 밤늦게까지 쥐불놀이나 강강술래를 하며 놀 수 있었다. 반면에 보름달이 뜨지 않는 날은 활동에 제약을 받을 수밖에 없었다. 그러나 전기의 발명은 달의 차고 기욺에 상관없이 밤에도 다양한 활동을 할 수 있게 하였다. 즉, 밤문화를 탄생시켰다. 의학의 발달로 인해 평균수명이 늘어나고 노년층이 증가하면서 새로운 노인문화가 생겨났다. 기차, 자동차, 비행기와 같은 교통수단의 발달은 여행의 편의성을 향상시켜 여행문화를 획기적으로 바꾸었다. 냉장고와 냉동고의 발명은 음식물 저장을 간편하게 하여 음식문화를 신선음식 중심으로 바꾸었다. 카메라와 녹음기의 발명으로 영상문화가 발달하였고 컴퓨터와 인터넷의 발명은 출판문화, 놀이문화를 바꾸었다. 구글, 네이버, 유튜브, 인스타그램, 페이스북, 카카오 등의 대형 포털이나 SNS의 발달은 사람 사이의 접촉 방식을 근본적으로 바꾸면서 1인 미디어 시대를 열고 있다. 이러한 무수한 변화가 지난 100년 사이에 동시다발적으로 일어나면서 우리의 생활 방식은 엄청난 변화를 겪었다. 이러한 변화는 모두 과학기술의 발전으로 가능해졌다는 공통점이 있다. 더욱이 과학기술의 진전은 그 속도가 점점 빨라지고 있어 우리가 앞으로 겪게 될 문화적 변화의 폭이 얼마나 클 것인지는 가늠하기조차 어렵다.

1

주거문화에서 찾아보는 과학

Q.

01 마을의 위치는 어떻게 정해지며 마을은 무엇으로 이루어지는가?

02 우리의 한옥에는 어떤 과학적 지식이 숨어 있을까?

03 초고층 건물을 가능하게 하는 과학기술의 발전에는 어떤 것들이 있을까?

주거문화

한반도에서 살아온 조상들은 어떤 형태의 주거문화를 만들어 왔을까? 우선 마을의 위치나 형태에 대해 생각해 보면 세계 어디나 마찬가지겠지만 지형적인 특성을 이용해야 한다. 전통적으로 우리의 마을은 농촌, 어촌, 산촌과 같이 지리적인 위치와 주변의 자연환경에 따라 그 형태가 조금씩 다르게 형성되어 왔다. 마을의 위치를 정함에 있어 몇 가지 고려해야 할 사항을 보면 첫째는 먹거리를 구하기 쉬워야 한다. 평야 지대를 가까이 두고 있어 농작물을 키우기 용이하거나, 바닷가에 위치하여 물고기를 잡기 쉬워야 한다. 다음으로 중요한 것은 식수원이 될 것이다. 생활을 위해서 혹은 농작물을 키우기 위해서도 강, 개울, 우물이 가까이 있어 물을 구하기 쉬워야 한다. 인류의 4대 문명 발상지가 모두 큰 강을 끼고 있다는 것이 이를 뒷받침해 준다. 다음은 외부의 침략에 대한 방비가 가능한 곳이 마을의 안전을 위해서 중요하다. 따라서 넓은 허허벌판에 마을을 만들기보다는 높은 산이나 울창한 숲, 깊은 강 혹은 바닷가 포구 등이 마을 주변에 있는 것이 현명한 선택일 것이다. 같은 이유로 마을은 사방으로 열려 있기보다는 입구가 한쪽에 위치하는 경우가 많은데, 이러한 마을의 입구를 동구(洞口)라 한다.

우리의 현재 생각과 생활 방식에 직간접적인 영향을 미치는 것이 조선 시대의 사상과 생활이다. 조선 시대 마을의 집들은 양반들이 기거(起居)하는 반가(班家)와 서민들이 기거하는 민가(民家)로 나눌 수 있다. 양반(兩班)은 동반과 서반을 뜻한다. 고려 혹은 조선 시대에 국왕이 조회(朝會)

할 때 남쪽을 바라보고 앉은 국왕을 중심으로 문반(文班)은 동쪽에, 무반(武班)은 서쪽에 섰는데, 이 두 반열을 양반이라 한다. 마을을 구성하는 집을 보면 기와집과 초가집으로 나뉘었는데, 기와집은 건축비가 많이 들고 규모가 크기 때문에 반가로 지어졌고 초가집은 민가로 지어졌다.

우리나라는 국토의 70%가 산지로 이루어져 있어 마을이 산을 끼고 형성되는 경우가 많았다. 마을의 위치를 정할 때 우리 조상들은 풍수지리(風水地理)를 고려하여 결정하였다. 마을뿐만 아니라 집터나 묘터를 구할 때도 기준으로 삼은 것이 풍수지리였다. 풍수지리는 지형이나 방위를 인간의 길흉화복에 연결시켜 집터나 묘터를 구하는 이론으로, 이것이 처음 기술된 사료는 조선 영조 시대에 저술된 이중환의 『택리지(擇里志)』이다. 『택리지』는 전국 팔도의 지형, 풍토, 풍속, 교통, 고사, 인물 등을 상세히 기술한 지리서이다. 또한 조선 후기 실학자 서유구의 『임원경제지(林園經濟志)』에서도 풍수지리에 대한 언급을 찾아볼 수 있다. 『임원경제지』는 현재의 백과사전과 같은 박물학서로서, 이 중 「상택지(相宅志)」 편에 풍수지리에 관한 기술이 나와 있다.

풍수지리에 의하면 마을이나 집이 들어서기에 적합한 장소는 산의 남측 경사면에 위치하면서 개울이나 강이 가까운 곳이다. 마을이나 집이 산의 높은 곳에 위치하면 탁 트인 전경이 좋을 수는 있으나 물을 구하기 어렵고 평야와 멀어지면 농사를 짓기도 어려우므로 물이 흐르는 계곡이 가까운 산자락을 선호하게 된다. 이때 자연히 좌우의 산이 마을이나 집을 감싸는 형국이 되는데 이를 표현하는 것이 금계포란(錦鷄抱卵)이다. 금계포란은 황금 닭이 알을 품는 형국이라는 뜻이다. 산어귀에 위치하면서 마을 앞쪽으로 강이 흐른다면 이를 배산임수(背山臨水)라 한다. 산의 경사면에 관해서 볼 때도 산의 북쪽 경사면보다는 남쪽 경사면이 더 좋은 위치인데, 그 이유는 남쪽 경사면에 지은 남향의 집이 햇볕을 잘 활용할 수 있으며 추운 겨울에도 따뜻한 햇볕을 많이 받을 수 있기 때문이다. 산의 남쪽 경사면에 집이 있으면 겨울에 불어오는 차가운 북풍을 산이 막아 주므로 장풍득수(藏風得水)라는 표현을 쓴다. 마을터나 집터를 정할 때 물길, 큰길, 연못, 언덕 등의 유무에 따라 좌청룡(左靑龍), 우백호(右白虎), 남주작(南朱雀), 북현무(北玄武) 등의 표현을 쓰기도 한다. 중국의 설화에서 비롯된 청룡, 백호, 주작, 현무는 하늘의 사방을 지키는 신으로 알려져 있어, 터를 잡을 때 주변 환경의 풍수지리적 표현에 많이 사용된다. 풍수지리 용어 중 하나로 비보(裨補)가 있다. 이것은 모자란 부분을 도와서 채운다는 의미로, 풍수지리적으로 집터에 부족한 부분이 있으면 주변에 돌을 놓거나 연못을 판다든지 나무를 심는다든지 하여 환경을 인위적으로 조정할 때 쓰는 말이다.

주거문화에서 뺄 수 없는 것은 나무의 존재이다. 우리 조상들은 마을 가까운 숲뿐만 아니라 집 주변의 나무들, 집 안의 정원수와 과실수 등 다양한 나무를 심고 가꾸었다. 마을의 대표적인 나무로 마을 입구에 위치하는 커다란 동구나무를 들 수 있다. 동구(洞口)나무는 다양한 기능을 수행하였는데, 마을의 소식을 전하는 알림판, 어린이들이 모여 노는 놀이터, 지나가는 길손이나 농사일을 하던 마을 사람들의 휴식처 등으로 이용되었다. 마을의 큰 나무는 당산나무, 서낭나무, 정자나무 등 다양한 명칭을 가진다. 당산(堂山)나무는 마을의 수호신으로 모시면서 제사를 지내는 나무를 뜻한다. 서낭나무에서 서낭은 토지와 마을을 지켜 주는 신을 의미하는 성황(城隍)에서 온 말이다. 서낭신을 서낭당이나 서낭나무에 모시면서 주술적인 행사를 하기도 하였다. 이 외에도 마을을 대표하는 나무를 정자(亭子)나무라고 부르기도 하였다. 큰 나무가 제공하는 그늘 밑에서 모여 놀거나 쉴 수 있어 정자와 같은 나무라는 뜻이다. 다양한 용어로 불리는 이들 마을을 대표하는 나무는 대부분 느티나무이다. 느티나무는 오래 살아 크게 자라고 서낭신을 모시는 주술적인 행사의 대상이기 때문에 신목(神木) 혹은 규목(槻木)이라 부르며, 그 목재를 용목(龍目) 혹은 궤목(櫃木)이라 부른다. 궤목이라 부르는 이유는 물건을 넣어 두는 궤짝을 짜는 데 이용되기 때문이다.

집 안팎으로도 다양한 나무를 심었는데, 너무 큰 나무가 집 가까이 있으면 벌레가 많아지고 햇빛을 가려 어두워지므로 주로 크게 자라지 않는 작은 나무를 심었다. 나무는 그 용도에 따라 정원을 꾸미는 데 쓰는 정원수와 열매를 얻기 위해 가꾸는 과실수로 나뉜다. 한반도에서 정원수로 가장 많은 사랑을 받은 것은 송죽매(松竹梅)로 대변되는 소나무, 대나무, 매화나무였다. 이들은 겨울철이 되어도 제 모습을 간직하기 때문에 선비의 지조와 절개를 상징한다고 하여 정원수로 심어지고 동양화의 대상으로도 많이 그려졌다. 과실수로는 감, 배, 사과, 대추, 앵두, 살구 등의 다양한 나무들이 심어졌는데, 특이하게도 복숭아나무는 귀신을 쫓는 나무라 하여 집 안에 심지 않았고 복숭아는 제사상에 올리지도 않았다.

방위에 따라서 나무를 다르게 심기도 하였다. 동쪽에 복숭아나무나 버드나무를 심은 이유는 이들이 아침에 비치는 서늘한 햇빛을 좋아하

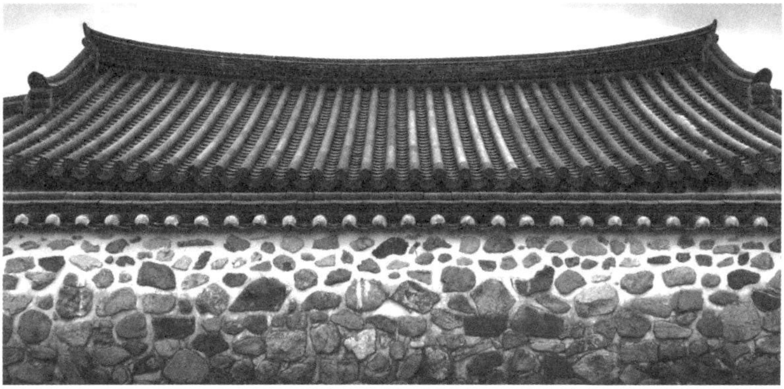

기와집의 지붕과 돌담

면서 줄기가 엉성하여 집 안으로 비쳐 드는 햇살을 막지 않기 때문이었다. 서쪽은 치자나무나 느릅나무를 심었는데, 이파리가 넓어서 여름 오후의 따가운 햇빛을 가려 주기 때문이었다. 남쪽에는 햇빛을 좋아하는 매화나무나 대추나무를 심었으며 서늘한 환경을 좋아하는 사과나무나 살구나무는 북쪽에 심었다. 계절풍에 대비하여 바람을 막아 주는 숲을 집 주변에 조성하기도 하였는데 산뽕나무, 느릅나무, 대나무 등을 북서쪽에 심어 겨울에 불어 오는 차가운 북서풍을 막게 하였다.

한반도의 주거문화에서 특이한 것은 마을의 골목길을 만드는 담장이다. 한옥의 담장을 어른 눈높이보다 약간 높게 만들어 길을 지나는 사람이 언제든지 눈을 들어 먼 곳을 바라볼 수 있도록 해 답답하지 않게 하였다. 또 언제든지 발돋움을 하면 집 안의 사람을 바라보며 대화를 할 수 있어 소통을 가능하게 해 주었다. 담장은 낮고 대문은 항상 열려 있어 우리의 전통적인 마을은 사람은 물론 바람이 잘 소통하는 구조였다. 이러한 길과 담장이 만들어 내는 정취를 표현하기 위해 시골 마을의 좁은 길을 의미하는 고샅길이라는 말을 썼다. 길과 담장이 만들어 내는 아늑한 느낌을 잘 표현하고 있다.

집의 형태에 따라 담장의 재료 또한 달랐다. 기와집의 담장은 돌담 혹은 전돌(장식용 벽돌)을 사용한 꽃담을 만들고 담이 허물어지는 것을 막기 위해 기와를 얹어 집과 담장이 균형을 이루게 하였다. 초가집의 담장은 돌담이나 흙담을 썼는데, 돌담에는 능소화나 박덩굴을 자라게 하고 흙담에는 이엉을 얹어 비로부터 보호하였다.

한옥문화

앞서 언급하였듯이 한옥문화의 형성에 가장 큰 영향을 미친 것은 한반도의 자연이었다. 우리나라의 기후는 사계절이 뚜렷하며 계절에 따른 기후변화가 크다. 비바람과 눈, 더위와 추위, 장마와 가뭄, 태풍과 폭설 등 다양한 기후 조건을 이겨 내야 한다. 또한 대륙과 해양이 접한 곳에 있는 지정학적 특성으로 인해 여름에는 태평양에서 불어오는 덥고 습한 남동풍이, 겨울에는 시베리아에서 불어오는 차갑고 건조한 북서풍이 우리를 괴롭힌다. 우리 조상들은 이러한 기후변화를 이겨 내면서 육체적·정신적으로 안전한 생활을 영위할 수 있는 집을 짓기 위해 고심한 결과, 고유의 전통한옥을 탄생시켰다.

전통적인 한옥에는 몇 가지 특징이 있다. 첫째, 겨울의 추위를 이기기 위한 온돌과 여름을 시원하게 나기 위한 마루가 결합한 형태이다.

처마와 추녀

춥고 건조한 대륙성 기후와 덥고 습한 해양성 기후가 공존하는 한반도의 특성을 잘 반영한 형태인 것이다. 둘째, 부엌에서는 취사를 위해 아궁이에 불을 때게 되는데 이 불은 온돌을 데우는 목적으로도 사용되기에 취사와 난방이 결합한 형태이다. 셋째, 한옥은 안주인이 거처하는 안채와 바깥주인이 주로 거처하는 사랑채로 나뉘고, 안채는 다시 대청마루를 사이에 두고 안방과 건넌방으로 나뉜다. 네 번째 특징은 처마와 추녀이다. 집의 벽면보다 더 튀어나오게 설계되어 있는 지붕의 끝부분을 처마라 한다. 정면에서 보면 처마는 일직선이 아니고 양옆이 휘어 올라가면서 미관상 보기 좋게 되어 있다. 이렇게 휘어 올라가는 처마는 건물의 모서리에 이르러서 건물 옆면의 처마와 만나 멋스러운 모습을 만들어 내는데, 이 부분을 추녀라 한다. 처마와 추녀는 한옥의 아름다움을 더해 주는 장치라 할 수 있다.

다섯 번째 특징은 자연적인 재료를 사용하여 집을 짓는 것이라 할 수 있다. 소나무, 황토, 볏짚, 흙으로 구운 기와, 한지 등을 사용하며,

나무의 연결 부위는 못과 접착제를 사용하지 않고 홈과 촉을 내어 나무와 나무를 연결하는 방법을 사용한다. 여섯 번째 특징은 확장성이다. 한옥은 구조상 기둥과 보가 하중을 견디어 내기 때문에 벽은 자유로운 형태를 가질 수 있다. 이러한 자유로움을 이용하여 벽의 창이나 문을 들어 올릴 수 있게 설계하였다. 여름에는 창문을 위로 들어 올려 바람이 잘 통하게 하거나 창문 밖의 경치를 즐길 수 있다. 또한 방과 방 사이의 문을 들어 올릴 수 있어 필요에 따라 공간을 좁게 혹은 넓게 자유자재로 변환할 수 있다. 이로 인해 좁은 공간도 넓게 쓸 수 있게 된다. 이러한 변환을 가능하게 하는 문과 창을 들문, 들창이라 부르며 천장이나 처마에는 들문이나 들창을 고정하는 걸쇠(혹은 들쇠)라 불리는 장치가 달려 있다.

한옥의 마지막 특징은 다기능성이다. 한옥의 방들은 이부자리를 깔면 침실이 되었다가 밥상을 펴면 식당으로 사용된다. 반짇고리-화롯불-인두를 들이면 옷을 손질하는 작업장이 되기도 하고 서안(書案)을 놓으면 공부방이 되기도 한다. 마당 또한 다기능적인 면을 가지고 있어, 혼례와 같은 잔칫날에는 행사장으로 쓰이기도 하고, 아이들의 놀이터가 되기도 하며, 가을이 되면 추수한 곡식을 말리는 건조장이 되기도 하고, 새끼를 꼬는 작업장이 되기도 한다. 마당은 잔디를 깔지 않고 비워 두는 경우가 많은데, 마당의 다양한 기능을 소화하기 위해서이기도 하지만 대류 현상을 이용한 집 안의 에어컨 역할을 위해서이기도 하다.(이 부분은 다음 절에서 언급할 것이다) 안채의 대청마루 또한 그 기능이 다양하다. 방과 방을 분리하면서도 이어 주는 구실을 하는 동시에 가족의 거실로, 손님을 대접하는 접대공간으로, 생일잔치와 제사 같은 집안 대소사를 행하는 행사장으로 쓰인다. 이러한 확장성과 다기능성으로 말미암아 좁은 집도 좁다고 느끼지 않고 편안한 마음으로 넓게 쓰는 것이 한옥의 특징이라 하겠다.

숨을 쉬는 한옥

우리나라의 여름은 기온뿐만 아니라 습도도 높아서 '무덥다'고 표현한다. 무더운 상태를 벗어나기 위해서는 바람이 필요하다. 집 안에 습기가 차면 미생물이 자라 위생에도 좋지 않고 냄새가 나기 때문에 습도를 낮추는 것이 더욱더 필요하다. 이러한 문제들을 해결하고 무더운 여름을 시원하고 쾌적하게 보내기 위해 우리 조상들은 통풍에 노력을 기울였다. 이러한 노력의 결과로 만들어진 우리의 전통가옥은 바람이 자유롭게 드나들기에 '바람을 담고 있다' 혹은 '숨을 쉰다'라고 표현한다.

통풍을 위한 대표적인 장치로 마당을 들 수 있는데, 마당은 대류 현상을 유발한다. 대류 현상이란 기체나 액체에서, 물질이 이동함으로써 열이 전달되는 현상을 뜻한다. 주전자에 물을 끓일 때, 내부의 물이 부분적으로 가열되고 가열된 부분이 팽창하면서 밀도가 낮아져 위로 올라가게 된다. 또 위에 있던 차가운 물은 밀도가 높아 밑으로 내려오게 되어 결과적으로 전체가 고르게 가열된다. 이와 유사한 원리로 여름날 한옥의 내부 공기도 대류 현상에 의해 움직이면서 자연의 바람을 만들어 낸다. 한옥의 마당은 잔디를 심지 않기 때문에 뜨거운 여름날에는 태양 에너지를 그대로 받아들여 복사열을 내뿜는다. 뜨거워진 공기는 위로 상승하면서 주변의 공기를 빨아들이는데, 이때 뒤뜰(뒤란)의 공기가 마당으로 불어 들어온다.

보통 한옥의 뒤란은 풀과 나무가 자라고 산과 연결되어 있어 공기 온도가 낮다. 측정한 바에 따르면 더운 여름날 마당 공기는 기온보다 9도 정도 높고 뒤란은 2도 정도 낮다고 한다. 뒤란의 공기가 마당으로 잘 불어오도록 대청에는 뒤란으로 통하는 뒷문이나 창을 내어 둔다. 그러면 뒤란의 시원한 공기가 집 안으로 흘러 들어오면서 대청마루에 앉아 있는 사람은 시원함을 느끼게 된다. 대기의 순환을 교묘하게 이용하여 자연의 바람을 만들어 내는 이러한 체계는 현대의 에어컨보다 더 효율적이라 할 수 있다. 대류 현상을 이용하기 위해 마당에는 빛을 반사할 수 있는 잔디나 풀을 심지 않았다. 마당에 큰 나무를 심지도 않았다. 큰 나무는 빛을 가리기도 하고 나무에서 벌레가 떨어져 위생에 좋지 않기 때문이다. 또한 마당에 큰 나무를 심으면 집의 담과 합해져서 괴로울 곤(困) 자를 만들기 때문에 길하지 않다고 생각하였다.

때에 따라서는 안채와 사랑채를 엇비슷하게 배치하여 건물 사이의 간격을 북쪽보다 남쪽에서 넓게 떨어지게 한다. 여름에 남풍이 불면 남쪽의 넓은 건물 사이로 바람이 불어 들어와 점점 좁아지는 건물 사이를 지나가면서 바람의 속도가 세어지는데, 이렇게 센 바람이 지나가면 집 안의 공기도 함께 딸려 나가서 저절로 통풍이 되는 것이다.

한옥의 흙벽도 통풍에 관여한다. 흙은 콘크리트보다 입자가 비교적 크고 사이가 넓으므로 공기와 습기가 흙벽을 통과하기 쉬워 집 안의 습도를 낮추어 준다. 이러한 흙의 특성으로 인해 흙벽은 천연 환풍기로 작용할 뿐만 아니라 곰팡이나 미생물들이 자라는 것을 막아 준다. 동시에 흙벽은 단열 효과도 있다. 오리털을 넣어 만든 외투가 추운 겨울에도 몸을 따뜻하게 유지해 주는 것은 오리털 사이에 공기를 많이 잡아 두기 때문이다. 이와 같은 원리로 공기를 머금은 흙벽은 더운 여름날에는 외부의 열기를, 추운 겨울날에는 외부의 한기를 막아 준다. 흙벽에 하얀 석회를 칠하면 보기에 좋을 뿐만 아니라 해충의 출입도 막을 수 있다. 황토는 열을 받으면 원적외선을 방사하게 되는데, 원적외선은 혈액순환을 개선하여 건강에도 좋다. 이러한 장점으로 인해 현대에 들어서도 전원주택을 지을 때 황토방을 따로 마련하기도 하고 황토로 마감한 방을 찜질방으로 쓰기도 한다. 흙은 한옥의 벽 이외에도 지붕에 많이 사용되어 통풍, 습도 조절, 단열에 관여한다.

한옥의 창과 문에는 한지를 창호지로 사용하는데, 한지 역시 통풍이 잘되는 특징이 있어 공기의 순환을 원활하게 하고 집 내부의 습기를 방출하는 데 도움을 준다. 물론 이러한 특징은 추운 겨울날에는 단점이 될 수 있어서, 창이나 문을 이중으로 내어 난방에 취약한 점을 보완하기도 하였다. 마지막으로 한옥의 처마도 바람을 일으키는 역할을 한다. 한옥의 처마는 기둥보다 더 튀어나와 있어서 집 안에 그늘을 드리우고, 이는 다시 건물 안과 밖의 온도 차를 만들어 공기의 흐름을 일으킨다.

처마와 햇빛

앞에서 언급하였듯이 처마는 공기의 흐름을 일으켜 통풍에 이바지하는 실리적인 기능도 있지만, 추녀와 함께 한옥의 멋을 극대화하는 미학적인 기능을 가진다. 처마 밑에 풍경을 달아 두면 바람이 만들어 내는 청아한 소리를 즐길 수도 있고, 눈과 비를 피해 집 주위를 돌아

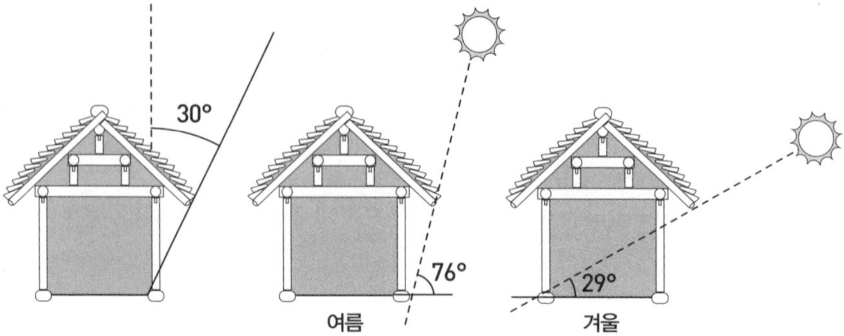

계절에 따라 다르게 빛을 받아들이는 한옥의 처마

다닐 수도 있다.

전통적으로 우리가 남향의 집을 가장 선호하는 데에는 이유가 있다. 남향의 집은 처마가 효율적인 온도 조절 장치로 쓰일 수 있기 때문이다. 즉, 계절에 따라 집 안으로 들어오는 태양 빛을 처마가 조절한다. 한여름에는 태양이 높게 뜨고 겨울에는 낮게 뜬다. 낮이 가장 긴 하지를 기준으로 보면 태양이 가장 높이 떠 있을 때 태양 빛의 각도는 남쪽 평지와 76도를 이룬다. 한편, 한옥의 주춧돌에서 처마 끝으로 그은 일직선은 기둥과 약 30도의 각을 이룬다. 따라서 여름날에는 햇볕이 집 안으로 들어올 수 없어 서늘함을 유지할 수 있다. 그러나 겨울에는 반대의 상황이 벌어진다. 낮이 가장 짧은 동지에는 평지에서 29도의 각도로 빛이 비치므로 추운 겨울날에는 처마를 통과한 햇볕이 집 안으로 들어와 내부를 따뜻하게 데워 준다.

기와집의 건축

기와집을 짓기 위해서 가장 먼저 해야 할 일은 집터를 평지보다 높이는 것이다. 돌과 흙으로 평지보다 높게 단을 쌓아 집터를 만든다. 집터 위에 기둥을 세울 기초석(基礎石)을 얹는 데 이를 주춧돌이라 한다. 주춧돌 위에 나무로 된 기둥을 세운 다음, 앞뒤의 기둥을 이어 주는 들보(혹은 보)를 얹는다. 보는 지붕의 무게를 감당하는 역할을 하기에 중요하게 생각하였다. 그중에서도 맨 아래에 설치한 가장 굵은 보를 대들보라 이른다. 그다음은 집의 정면에서 볼 때 들보 끝과 이웃 들보의 끝을 목재를 이용해 좌우로 연결해 주는데, 이 목재를 도리라 한다.

도리를 얹으면 집의 골격에 해당하는 부분은 얼추 마무리되었다고 할 수 있다. 그다음에는 지붕을 얹어야 한다. 지붕은 여러 구조물 가운데 가장 무게가 나가는 부분이다. 지붕의 기와를 받치기 위해서는 서까래를 촘촘하게 얹어야 한다. 서까래는 도리와 직각으로 지붕의 경사면을 따라 촘촘하게 들어서는 목재이다. 지붕 꼭대기에서 시작되는 서까래는 기둥에서 끝나지 않고 좀 더 튀어나오도록 길게 만들기 때문에 한옥의 처마를 가능하게 한다. 서까래는 한옥의 미학에서 한 축을 담당하는 부분이라 할 수 있는데, 한옥의 대청마루에 앉아 위를 올려다보면 들보와 서까래가 그대로 드러나 보여 넓고 시원한 느낌을 준다. 또한 서까래 사이의 흙은 하얀 석회를 칠하여 두기 때문에 일렬로 배열된 서까래의 나무 그대로의 색과 흙벽의 하얀 회칠이 조화를 이루어 미적 감각을 잘 살린 구도를 만들어 낸다. 마루와는 반대로 방에는 천장이 있고 방 전체를 한지로 도배하고 바닥에는 장판을 깔아 아늑함을 느낄 수 있다. 이렇게 서로 대조되는 대청과 방을 연달아 배열하여 방에서 마루로 나오게 되면 건축공간의 극적 변화가 일어나면서 주거환경을 지루하지 않게 해 주는 효과가 있다.

서까래를 촘촘히 지르기는 하지만 그 위에 바로 흙이나 기와를 얹으면 서까래 사이로 흘러 떨어지게 된다. 그래서 서까래 위에 개판(蓋板)이라 불리는 반듯한 널빤지를 얹고 흙이 미끄러지지 않게 방지한 후 진흙을 얹으면서 기와를 이어 얹는다. 기와는 암키와와 수키와로 구성되어 있는데, 암키와는 지붕 바닥에 까는 완만한 곡면을 가진 넓적한 기와이며 수키와는 암키와 사이사이에 올리는 반원형의 기와이다. 기와를 암키와와 수키와로 나눈 것을 음양 사상 구현으로 해석하기도 한다. 처마 끝에 얹히는 마지막 기와는 지붕을 타고 내려온 빗물을 바닥으로 떨어뜨리는 기와로, 내림새 혹은 막새라 부르며 한자어로 와당(瓦當)이라 한다. 막새에는 다양한 동물이나 연꽃의 문양을 넣어 보기 좋게 한다. 기둥과 보, 지붕이 완성될 동안 벽에는 창을 내고 흙을 채워 넣는 토역(土役) 작업을 하고 방바닥에 구들을 깔고 대청마루를 들인다. 정면에서 집을 보았을 때 좌우로 지붕의 제일 높은 꼭대기를 이루는 부분을 용마루라 한다.

한옥의 흙벽은 겉보기에는 만들기 쉬워 보이지만 흙이 무너져 내리지 않게 하려면 세심한 노력이 필요하다. 우선 기둥 사이에 인방(引枋)이라는 목재를 수평으로 설치한다. 인방은 위치에 따라 상방, 중방, 하방으로 나뉜다. 아래위 인방 사이에 중깃으로 불리는 가는 목재를 촘촘하고 가지런하게 세운다. 이후에는 쪼갠 대나무나 싸릿대로 만든 길쭉한 재료들(가시새, 노루발, 선외, 눈외 등)을 설치한 후 새끼줄로 얽어매어 흙을 지탱하는 구조물을 만든 다음 흙을 바른다. 한 번에 바르면 흙이 뒤틀리기 때문에 우선 뼈대에 흙을 바르고 말린 다음 겉을 발라 완성한다.

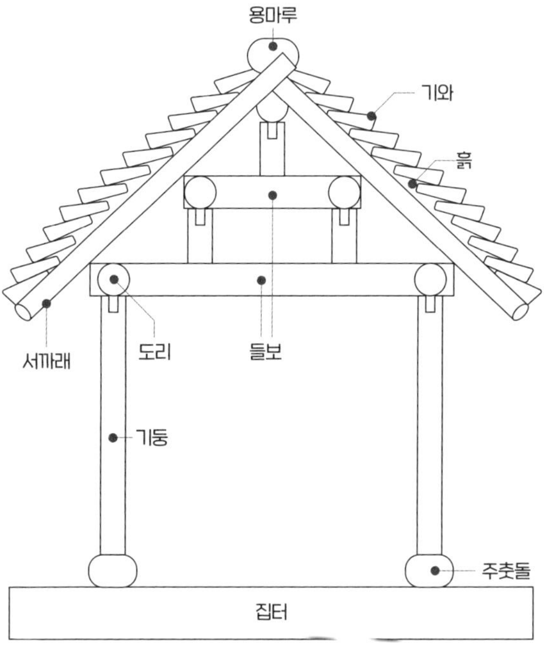

한옥의 서까래와 들보 그리고 도리

유럽에서는 돌로 지은 수백 년 된 집들을 많이 볼 수 있지만 우리의 한옥은 100년이 지난 집들을 찾기 어렵다. 우리의 선조들은 왜 유럽처럼 돌로 집을 짓지 않은 것일까? 돌로 집을 짓는 것은 나무로 짓는 것보다 더 큰 비용과 노동력을 요한다. 또한 돌로 지은 집은 훨씬 무거우므로 지반이 단단해야 한다. 한반도는 매년 장마가 집중적으로 내려 지반이 약하기 때문에 돌보다는 가벼운 나무를 사용하여 기둥이 하중을 받는 한옥을 짓는다. 반면에 상대적으로 지반이 튼튼한 유럽은 돌과 벽돌을 사용하였으며 하중을 주로 받는 벽을 두껍고 튼튼하게 지었다. 그래서 한옥의 창은 넓고 크게 낼 수 있으나 유럽의 집들은 창이

좁고 길쭉하다. 한편 한옥은 나무로 지어진 기둥을 비로부터 보호하는 것이 중요했다. 이를 위해 처마를 길게 냈으며 땅에서 올라오는 습기로 인해 기둥이 썩는 것을 방지하기 위해 주춧돌 위에 기둥을 세우기도 하고 대청마루를 땅에서 높이 올려 습기가 차는 것을 방지하였다.

초가집과 기와집

한옥은 전체 구조로 보아 초가집과 기와집으로 나눌 수 있다. 초가집의 지붕은 볏짚을 이은 이엉을 쓰기 때문에 흙으로 구워 낸 기와를 쓰는 기와집에 비해 하중이 적다. 반면에 기와집은 수 톤 규모의 흙과 나무가 지붕에 올라가기 때문에 이를 받치기 위해서 튼튼한 기둥, 주춧돌, 축대 등이 필요하다. 초가집과 기와집은 기둥이나 기초의 튼튼함이 다르므로 초가집의 이엉을 걷어 내고 기와를 얹을 수는 없다. 기와집은 건축 비용 면에서나 규모 면에서 초가집보다 훨씬 크기 때문에 기와집을 지으려면 상당한 재력이 필요했다. 조선 초기에는 양반들이 거주하는 반가는 기와집으로, 일반인들이 거주하는 민가는 초가집으로 지었다. 그러나 재력이 없는 양반은 초가집에 거주하기도 했고 조선 후기 들어서는 장사를 하는 중인들이 재산을 모아 기와집을 짓기도 했다.

초가집을 지을 때는 기와집과 유사한 방식으로 집터, 주춧돌, 기둥, 보, 도리 그리고 서까래를 얹은 후, 습도 조절 및 난방을 위해 지붕에 흙을 얹는다. 흙이 새는 것을 방지하기 위해 기와집은 개판을 얹지만, 초가집은 서까래를 뼈대로 하여 그 사이에 잡목과 대나무를 교차시킨 후, 이를 새끼줄로 엮어서 묶고 그 위에 진흙을 발라 말린다. 초가지붕에는 이엉을 이어 올리는데, 이엉은 짚을 나란히 놓고 줄기 아랫부분을 단단히 엮어서 만든 것이다. 비가 내리면 빗물이 볏짚의 줄기를 따라 흘러내리기 때문에 이엉 아래의 흙은 좀처럼 젖지 않는다. 이엉을 일 때는 밑에서부터 얹는다. 처음 얹는 이엉은 줄기 쪽이 밑으로 가게 하고, 그 위에 얹는 이엉은 이삭 쪽이 밑으로 가게 하여 차례로 얹는다. 꼭대기에 해당하는 용마루에 도달하면 용마름을 얹는데, 이것은 볏짚을 지네처럼 엮어 만들기 때문에 지붕 앞뒤를 다 덮는다.

초가지붕은 가벼워서 강한 바람에 날려 갈 수 있으므로 서까래에 기다란 대나무를 잇대고 새끼줄을 걸어 바둑판 모양으로 만들어 지붕을 눌러 주어야 했다. 초가집에 사용하는 볏짚은 속이 비어 보온과 단열에 효과적이다. 지붕에 들어가는 흙과 함께 여름의 뜨거운 열기를 막아 주고 겨울에는 온기를 간직하는 기능을 했다. 그러나 초가지붕은 볏짚이 쉽게 상하기 때문에 일 년에 한 번씩 교체해 주어야 하며, 화재에 취약하다는 단점이 있다.

천연의 재료로 지은 한옥

우리 전통한옥의 특징 중 하나는 환경친화적인 재료를 사용하여 자연과의 조화를 중시해 짓는다는 것이다. 사용되는 재료는 나무와 돌, 흙, 한지 등 자연에서 얻은 재료들이며 나무를 이을 때는 못을 사용하지 않는다. 지붕에 얹는 기와도 흙으로 구운 것이다.

집을 짓는 데 사용된 목재를 보면 삼국 시대에는 느릅나무, 고려 시대에는 느티나무 등을 썼다. 느티나무로 만든 목재는 용목 또는 궤목이라 불리어 왔는데, 잘 썩지 않고 물에 잘 견디어 농기구의 자루나 가구를 만들고 집짓기에 쓰였다. 그러나 건축재로 많이 사용되면서 나무가 점차 줄어들어 고려 후기에 들어서면서부터 소나무를 사용하기 시작했다. 소나무는 햇빛을 좋아하여 숲이 우거지면 번성하지 못하는 특성이 있는데, 고려 시대 들어 집짓기 및 난방용으로 나무들을 베고 또 농경지를 조성하기 위해 숲에 불을 지르는 등의 과정을 거치면서 소나무가 잘 자라는 환경이 조성되었다. 섬유소와 리그닌(목질소)으로 구성된 연질의 목재인 소나무는 기둥과 서까래의 재목으로 주로 쓰였다. 리그닌은 목재, 대나무, 짚 등의 식물체 속에 존재하는 방향족(芳香族)의 고분자 화합물로서, 세포를 서로 달라붙게 하는 구실을 하는데 이것이 축적되면 세포 분열이 멈추고 조직이 단단해진다. 소나무의 장점은 송진 성분이 있어 오래되어도 벌레 먹거나 썩지 않아 내구성이 강하다는 것이다. 한옥은 못을 사용하지 않고 한쪽은 구멍을 파고 다른 한쪽은 돌출부(각각 홈과 촉이라 한다)를 만들어 끼워 맞추어 나무를 연결한다. 따라서 이음새 부분이 헐거워지지 않고 서로 꽉 맞물린 채로 밀고 당기면서 신축성을 발휘하기 때문에 나무가 뒤틀려도 집이 무너지지 않는다.

앞서 언급한 바와 같이 흙으로 채운 한옥의 벽과 지붕은 여러 가지 장점이 있다. 흙은 습도 조절, 통풍, 단열에 유용할 뿐만 아니라 열을 받으면 원적외선을 방사하여 건강에 좋다. 석회 칠로 마감한 흙벽은 미관상으로도 깨끗하고 해충을 막아 주는 기능을 한다.

한옥의 창호지, 벽지, 장판 등에는 한지가 사용된다. 한지는 닥나무 껍질을 벗겨 처리하여 만드는데, 종이 떠내기, 두께 고르기, 물기 빼기, 다듬기 등을 포함한 수십 번의 손질을 거쳐 만들어진다. 종이를 떠내는 일은 겨울에 해야 한다. 이는 종이를 떠낼 때 섞어 사용하는 황촉규

(닥풀) 뿌리의 끈끈한 즙의 특성 때문이다. 황촉규 즙은 기온이 높은 여름에는 삭아서 끈끈함이 없어진다.

한옥을 지을 때 한지를 창호지로 사용하는 이유는 통풍, 보온, 조명의 세 가지 효과가 있기 때문이다. 앞에서도 언급하였듯이 한지를 창호지로 쓰면 바람이 잘 통하여 통풍에 도움이 된다. 다른 한편으로는 한지를 만드는 데 사용되는 풀과 한지의 섬유질이 결합하여 열을 쉽게 내보내지 않기에 보온 효과도 있다. 그렇다 하더라도 겨울이 되면 한지로 된 창호로는 추위를 막기가 어려우므로 가옥에 따라서 겹으로 된 창이나 문을 설치하기도 하였다. 이는 현대의 이중창과 유사한 원리를 사용하는 난방법이라 할 수 있다. 집에 창을 내어도 북쪽으로 내기보다는 남쪽으로 더 많이 그리고 더 크게 내는 경향이 있는데, 이는 햇볕을 많이 받아들이기 위해서이다. 현재의 가옥들은 창에 유리를 주로 사용하며, 유리를 사용한 창문은 햇빛을 막기 위해 커튼이 필요하다. 반면에 한지를 이용하면 햇빛을 적당히 걸러 주는 효과가 있어 커튼이 필요 없다. 처마를 통과하며 세기가 줄어든 햇빛이 창호지로 사용된 한지를 지나면서 더욱 약해지기 때문에 방 안에는 어둡지도 않고 눈이 부시지도 않은 적절한 양의 햇빛이 들어와 책을 읽거나 작업하는 데 도움이 된다.

창호지나 벽지로 사용되는 한지는 장판지로도 사용된다. 한지를 여러 겹 붙이고 콩기름을 여러 번 먹인 방바닥은 내구성이 뛰어난 장판지 구실을 하는데, 바닥을 쓸어 내기도 편하고 온돌을 쓰는 난방 방식에도 적합하다. 장판을 깔고 자주 쓸어 주면 먼지가 쌓이지 않아 알레르기와 같이 환경에 의해 유발되는 질병의 예방에 도움이 된다. 서양의 카펫과 대비되는 한옥 장판지의 장점이다.

안채와 사랑채

한옥의 구조적 특징 중에 두드러진 것이 안채와 사랑채의 구분이라 할 수 있다. 규모가 큰 집은 'ㅁ' 자 형태의 안채와 외부로 향한 사랑채로 구분하여 지었으며, 규모가 작아서 'ㄱ' 자 혹은 'ㅡ' 자 형의 집을 한 채만 지을 때도 안방이 안채의 역할을 대신하고 건넌방이 사랑채 역할을 하였다. 안채는 집의 안주인이 거처하면서 집안의 살림을 맡아 하는 공간이었으며 사랑채는 바깥주인이 거처하며 손님을 접대하는 곳이었다. 사랑채의 '사랑'은 방을 뜻하는 한자어 사랑(舍廊)이 어원이다. 안채와 사랑채를 구분하였던 이유는 조선 시대 성리학의 '남녀칠세부동석'에서 유래한다.

한옥을 비롯한 조선 시대의 다양한 문화는 성리학에 영향받은 바가 많다. 고려 시대에는 불교가 국가의 종교였던 데 반해 조선은 나라를 세우면서 성리학을 국가 이념으로 받아들였다. 성리학은 중국 송대에 성립된 유학 사상으로, 우주의 법칙과 인간의 법칙을 통일적으로 파악하고자 하였다. 이에 대두된 것이 음양오행설로서 이것은 그 당시에 가장 앞선 과학 사상이었다고 할 수 있다. 조선이 불교를 배척하고 성리학을 받아들인 이유는 여러 가지가 있겠지만 그중 하나는 송나라와 원나라에서 이룩한 번영된 사회를 조선에서도 구현하고자 하는 의도가 있었다. 이는 마치 서구의 자유시장 경제체제와 민주주의 사상을 받아들여 우리가 오늘날에 누리는 번영을 이룩한 것과 비견되는 일이라 하겠다. 앞에서 이미 언급하였듯이 과학은 문화와 밀접한 관련성이

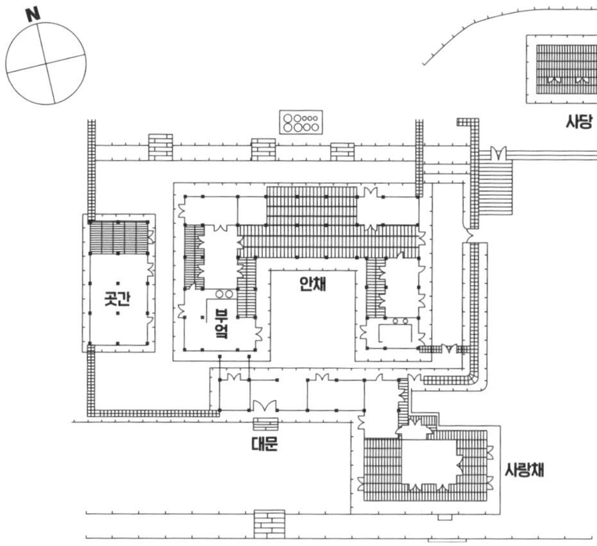

논산 윤증고택 평면도

있기 때문에 주자의 성리학은 우리 생활문화 전반에 심대한 영향을 미쳤다. 이러한 영향 중 하나가 바로 안채와 사랑채로 구분되는 한옥문화의 특징으로 나타나게 되었다.

주자 성리학이 한옥의 구성에 미친 또 한 가지 영향은 사당(祠堂)이라고 할 수 있다. 사당은 조상의 위패(位牌)를 모시는 곳으로, 집을 지으려면 사당을 먼저 세워야 할 정도로 중요시되었다. 중국의 경우는 집의 동쪽에 사당을 지었으나 한옥은 지형적 특성으로 인해 집의 북쪽 높은 지대에 짓는 것이 일반적이었다. 대체로 대문은 드나드는 사람이 걸려 넘어지는 것을 막고 물건을 나르기 편하게 문턱을 없앴지만 사당의 경우는 드나들 때 몸가짐을 조심스럽게 가지라는 의미에서 문턱을 만들었다.

사랑채에서는 주로 책을 읽고 글을 쓰며 그림을 그리고, 손님을 접대하고 그곳에 묵도록 하였기에 외당(外堂) 혹은 외실(外室)로도 불렀다. 사랑채에는 책상의 역할을 하는 서안(書案)이나 경전을 올려놓는 경상(經床)을 두었으며 책꽂이의 역할을 하는 서장(書欌)과 책궤, 문방사우(文房四友: 붓, 종이, 먹, 벼루)를 놓아두었다.

안채는 'ㅁ' 자 형의 구조를 가지면서 곳간, 부엌, 안방, 대청, 건넌방 등으로 구성된다. 통상 바깥으로 통하는 문은 대청 맞은편에 있으나 문이 하나밖에 없으면 집 안에서 다니기가 불편하기에 소통을 위해 문이 여러 방향으로 나 있다. 사랑채와 통하는 안채의 정문, 대청 뒤로 이어지는 마루문, 양옆으로 부엌문과 쪽문 등이 설치되어 안채는 한옥의 개방과 소통, 연결과 순환의 중심을 차지하는 공간이다.

온돌과 마루의 결합

한반도에서 집과 난방(煖房)은 어떻게 발달하여 왔을까? 동굴 생활을 하던 선사 시대에는 모닥불을 피워 추위를 피했을 것이다. 이후 신석기 및 청동기 시대에는 땅을 파서 바닥을 만들고 그 위에 기둥을 세워 갈대나 짚을 덮어 만든 움집을 지었는데, 중앙에 화덕을 설치하여 난방과 취사를 해결하였다. 농경문화가 본격적으로 시작되면서 움집의 깊이가 얕아지게 된다. 벽과 지붕이 땅 위로 올라오고 바닥은 진흙으로 돋우어 풀잎이나 짚을 깔았다.

우리 역사에서 온돌(溫突, 溫堗) 형태의 구조물은 고조선 유적에서 처음 발견되는데, 현재의 평안북도 영변군 세죽리 혹은 중국의 랴오닝성 무순시 연화보 유적 등에서 볼 수 있다. 초기의 온돌은 진흙으로 다져 만든 불길이 하나인 외고래 온돌의 형태로 만들어졌다. 고구려 유적에서도 온돌의 형태를 확인할 수 있는데, 자강도 중간군 토성리 유적이 그것이다. 중국의 역사서인 『구당서(舊唐書)』와 『신당서(新唐書)』의 「동이전」에 기술된 바에 따르면 "가난한 사람들은 겨울을 나기 위해 장갱(長坑)을 만들어 따뜻하게 난방을 한다."라고 되어 있다. 고구려의 벽화를 보면 사람들이 의자에 앉아 생활하는 장면이 자주 나오는 것으로 보아 상류층은 탁자와 의자를 쓰는 입식문화를, 하류층은 좌식의 온돌문화를 발전시켜 왔음을 알 수 있다. 삼국 시대에 이르러 집은 목조건물의 형태가 완성되었고 기둥, 기와, 부엌, 마구간, 창고, 온돌방 등의 형태가 완성되었다.

한반도의 북쪽 지방에서는 '살을 엔다'라고 표현할 정도로 추운 겨울을 대비하여 온돌을 발전시켜 왔지만, 남쪽 지방에서는 덥고 비가 많아 불쾌지수가 높은 무더운 여름을 나기 위해 마루를 발전시켰다. 마루는 땅바닥 위로 마룻장까지 빈 곳이 있어 바람이 잘 통하고 습기가 차지 않는다. 대청마루의 바닥에 까는 나무는 열전도율이 낮으므로 돌이나 금속에 비하여 여름에는 시원하고 겨울에는 따뜻한 장점이 있다. 더운 여름날에 대청마루에 누우면 시원함을 느끼면서 저절로 낮잠에 빠져들기도 한다. 현대의 아파트나 단독주택의 거실에 나무를 까는 경우가 많은데, 이는 대청마루의 문화가 아직 우리 생활에 남아 있는 것이다.

북쪽의 온돌문화와 남쪽의 마루문화가 점차 확산하면서 이들 두 문화가 서울-경기 지역에서 만나 온돌과 마루가 공존하는 한옥의 형태가 완성된 것은 조선 초기였다. 이후 온돌과 마루가 결합한 한옥의 독특한 형태는 전국으로 퍼지게 된다. 처음에는 온돌이 깔린 흙바닥에 짚이나 풀로 엮은 자리를 깔고 생활했으나 장판이 사용되면서 한층 청결한 환경을 만들어 낼 수 있게 되었다.

온돌문화

온돌은 불을 때는 아궁이, 뜨거운 공기가 지나가는 고래, 구들장으로 덮인 방과 굴뚝으로 구성되어 있다. 부엌에 아궁이가 있으면 그 위에 부뚜막을 만들고 솥을 걸어 음식을 할 수 있게 한다. 방이 부엌과 면하고 있지 않으면 불을 때는 아궁이가 건물의 바깥에 노출되어 있을 수도 있다. 아궁이에서 땔감을 태우면 뜨거운 공기는 부너미(혹은 부넘기)를 넘어 고래로 흘러 들어가게 된다. 부너미는 아궁이의 땔감이나 재가 고래로 빨려 들어가는 것을 막기 위해 아궁이 뒷벽을 좀 높게 쌓은 것이다. 고래는 형태에 따라 줄고래, 부채고래, 맞선고래, 굽은고래로 나뉜다. 고래 위에는 흙을 덮어 평평하게 한 후 구들장(혹은 구들)을 덮는데, 구들은 '구운 돌'을 뜻한다. 구들 위는 다시 흙을 얇게 깔아 평평하게 한 뒤 장판으로 마무리한다. 개자리(혹은 불웅덩이)는 고래가 모이는 곳을 조금 깊게 파서 불기운이 바로 빠져나가지 못하게 하는 곳이다. 고래를 지난 뜨거운 공기는 개자리에서 잠시 머물게 되는데, 굴뚝으로 공기가 빠져나가기 전에 모든 열기를 소진하게 하는 효과가 있다. 고래는 연기가 잘 빠지도록 굴뚝 쪽으로 갈수록 높게 설치하기 때문에 고래 위에 바르는 진흙이나 구들의 두께는 아궁이 쪽이 두텁고 굴뚝 쪽은 얇다.

온돌을 이용한 난방을 복사난방(輻射煖房)이라 한다. 이때 복사는 물

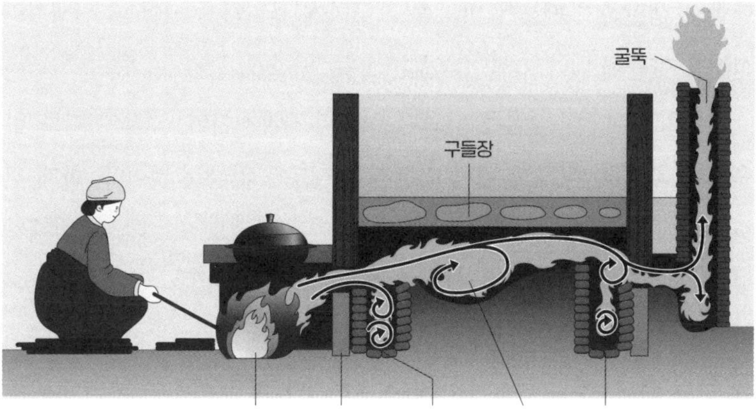

온돌의 구조

체에서 열이나 전자기파가 사방으로 방출되는 것을 뜻하는데, 온도가 높아진 구들이 열을 방출하여 방 안의 공기를 따뜻하게 만드는 것이다. 방바닥에서 데워진 공기가 위로 올라가고 위의 차가운 공기가 내려와 데워지기 때문에 대류 현상을 이용하여 방 안의 온도가 상승한다. 대류 현상을 이용한다는 점에서 온돌은 라디에이터와 유사하지만 온돌이 라디에이터보다 더 효율적이라 할 수 있다. 그 이유는 라디에이터에 의해 일어나는 대류 현상은 방바닥에서부터가 아니라 라디에이터 위의 공간에서부터 공기가 순환하기 때문에 라디에이터로 난방을 하는 방에 서 있으면 발목은 차갑고 머리는 뜨거워지게 된다. 사람이 따뜻함을 느끼려면 발이 따뜻해야 하는데, 라디에이터를 이용하면 반대가 되어 비효율적인 난방이 된다. 온돌은 방바닥 아래에 설치되므로 방 안의 일정한 공간을 차지하는 라디에이터보다 공간 활용도가 높다는 장점도 있다. 또한 온돌은 방에 장판을 깔고 신발을 신지 않은 채

맨발로 생활하기 때문에 바닥을 깨끗하게 관리하게 되어 더 위생적인 환경을 만들어 낸다고 할 수 있다.

온돌의 또 다른 장점은 연료나 시설이 경제적이며, 고장이 별로 없을 뿐만 아니라 장치를 빈번히 손질할 필요가 없다는 것이다. 화재 위험이 없다는 것도 장점 중 하나이다. 반면에 단점도 있는데, 첫 번째가 낮은 열효율이다. 땔감을 태워서 발생하는 열의 30% 정도가 난방에 사용되고 나머지 열은 굴뚝을 통해 바깥으로 흩어진다. 부엌에 아궁이를 두고 취사(炊事)를 겸하는 것은 이러한 단점을 보완하는 방법이라 하겠다. 또 한 가지 단점은 가열에 걸리는 시간이 길고 온도 조절이 어렵다는 것이다. 보통 아궁이에서 가까운 방바닥을 아랫목이라 하고 굴뚝에 가까운 부분을 윗목이라 하는데, 불을 때면 아랫목은 쉽게 뜨거워지지만, 윗목은 상대적으로 차갑다. 온도를 유지하기 위해 방을 밀폐하므로 환기가 잘되지 않고, 습도가 낮아져 방 안이 건조하기 쉽다는 단점도 있다.

한옥의 온돌문화는 현재 우리의 생활에 살아 있다. 주택이나 아파트는 방바닥에 고래 대신 온수 파이프를 깔고 따뜻한 물을 흘려 난방을 하는데 이러한 방식은 다른 나라에서는 찾기 어렵다. 한옥의 온돌이 현대의 집으로 들어오는 과정 중에 아궁이는 석유 혹은 가스보일러가 대신하고 구들이나 황토를 쓰는 대신 시멘트를 바르기는 하지만 한옥의 온돌문화는 여전히 우리 생활에 남아 있다.

한옥의 온돌문화는 좌식(坐式) 생활문화 형성에 영향을 미쳤다. 바닥이 따뜻하게 유지되기 때문에 의자에 앉기보다는 방석을 깔고 바닥에 앉게 되었고, 침대 위에서 자기보다는 바닥에 요를 깔고 이불을 덮고 자게 되었다. 신발을 벗고 따뜻한 바닥에서 생활하는 것이 편하기에 집 안으로 들어서려면 댓돌에 신발을 벗어 두고 대청마루에 올라서게 된다. 신발을 벗고 안으로 들어가므로 집 안의 곳곳을 신발을 벗은 상태로도 다닐 수 있도록 건물을 연결하게 되었고 집을 설계할 때 이를 반영하였다. 신발을 벗어 두는 곳이 정해져 있으므로 집을 드나드는 출입구가 한 곳으로 한정되는 결과도 낳게 되었다.

반면에 라디에이터 방식을 이용하여 난방하는 서양이나 중국은 방바닥이 따뜻하지 않고 바닥이 더러워지기 쉬우므로 신발을 신고 의자에 앉아 생활하고 침대에 누워 자는 입식(立式) 생활을 발전시키게 되었다. 바닥이 따뜻하지 않으니 카펫이나 양탄자를 깔아야 했다. 신발을 신은 채 안으로 들어서기 때문에 집 안을 드나드는 출입구를 여러 곳에 둘 수 있고 집 안의 건물들은 한옥처럼 연결성이 없더라도 문제가 없다. 이처럼 난방 방식은 집의 구조뿐만 아니라 그와 관련된 생활문화에 지대한 영향을 미친다.

방바닥이 뜨뜻한 온돌문화는 국이나 찌개와 같이 뜨거운 음식을 좋아하는 우리의 국민성과도 일맥상통한다. 따뜻한 구들에 요를 펴고 누우면 되었기에 침대가 필요 없었다. 침대는 크기가 한정되어 가족이 따로따로 자는 문화로 발전하게 되지만 온돌에서는 가족이 한 이불 아래 누워 부대끼며 잘 수 있어 정이 많은 우리의 국민성과도 통한다고 할 수 있다.

한·중·일의 난방 문화 비교

일본은 해양성 기후여서 따뜻하고 강우가 많은 것이 특징이다. 여름이 길고 겨울이 짧으므로 더위와 습기를 피하는 것이 더 중요했다. 그래서 일본의 전통가옥은 지붕을 높게 하여 바람을 끌어들여 습기를 제거하고자 하였다. 또한 지붕을 가파르게 하여 눈비가 쉽게 흘러내리고 눈이 쌓여 하중이 늘어나는 것을 방지했다. 전체적인 구조를 보면 남쪽은 넓게 개방하여 마당을 두고 북쪽은 차가운 북풍이 들어오지 못하도록 나무를 심거나 산을 접하는 구조를 만들었다. 여름의 습기를 피하고자 방에는 대나무 평상 위에 짚이나 풀을 이어 만든 멍석(다다미)을 깔고 생활하였다. 겨울이 짧았기에 온돌을 사용하지 않고 이로리(居炉裏)라 부르는 일본식 화덕을 설치하여 난방을 하고 이로리에서 간단한 요리를 하기도 하였다. 이로리에 나무 장작을 태우면 연기나 그을음이 발생하여 천장이 까맣게 그을리고 집안 공기가 나빠진다는 단점이 있다. 그러나 겨울이 짧고 춥지 않았기 때문에 크게 문제가 되지는 않았다. 이로리 외에도 일본에서는 코타츠(炬燵)라 불리는 실내 난방장치를 사용하기도 하는데, 이것은 나무틀에 화로를 넣은 다음 이불이나 포대기 등을 씌운 것으로, 그 속에 손이나 무릎, 발을 넣어 몸을 따뜻하게 한다.

중국은 워낙 넓고 여러 민족이 각각의 문화를 가지고 있어 한가지로 비교하기는 어렵지만, 베이징을 중심으로 살펴본다. 베이징은 대륙성 기후로, 건조하고 추위가 심한 것이 특징이다. 중국 베이징의 주거용 건축의 전형은 사합원(四合院, 쓰허위안)에서 찾아볼 수 있다. 사합원은 서로 다른 네 개의 건물이 정원을 둘러싼 'ㅁ' 자 형태의 대칭적인 가옥을 의미한다. 대문의 반대쪽에 위치하는 본채는 가장 크고 편안하고 채광이 좋아 주인 부부가 거주하며, 대문에 가까운 건물은 손님맞이용으

베이징의 사합원

로 화려하게 꾸민다. 한옥과 같은 안채와 사랑채의 구분은 찾아볼 수 없다. 주자 성리학이 중국에서 발원하였지만 주자 성리학에 충실한 집의 건축 방식은 오히려 우리나라에만 남아 있는 셈이다. 사합원의 건물 바깥은 담으로 싸여 있어 외부와 완전히 차단된 폐쇄적인 형태인데, 이를 통해 주변으로부터 자신을 보호하는 방패막이로 집을 이용하는 중국의 생활 방식을 엿볼 수 있다. 한옥의 경우는 담장이 낮고 대문이 열려 있어 사람과 바람의 소통을 중시하는 구조이다. 이러한 한옥의 구조는 정이 많고 타인과 더불어 살아가려는 우리의 의식구조와 연결되어 있다. 이에 반해 높은 담으로 둘러싸인 사합원의 구조는 타인의 삶에 관여하지 않는 중국인의 성향을 반영하는 것이라고도 볼 수 있다.

중국은 난방에 온돌을 사용하지는 않으나 후워캉(火炕)이라 불리는 침대식 온돌을 설치하여 난방한다. 중국인의 생활 방식은 탁자와 의자 그리고 침대로 대변되는 입식문화에 기초하고 있다. 따라서 집 안에서도 신발을 신고 침실에는 침대를 두고 생활한다. 침대식 온돌을 사용하면 이것이 라디에이터 역할을 하여 방 안의 공기를 데워 준다. 이러한 중국의 전통 난방 방식은 현대에도 사용되고 있는데, 중국의 남쪽은 겨울이 춥지 않아 난방이 필요 없지만, 북쪽은 누안치(暖气)라 불리는 온수 라디에이터를 이용하여 난방한다. 누안치는 대부분 중앙공급 방식이며 작동 기간이 한정되어 있어 사용상 제한이 있다. 중앙공급에 사용되는 난방용 온수는 석탄을 사용하여 데우기 때문에 공기 오염의 주범이 되는 문제점이 있어 요즘은 가스로 바꾸는 추세이다.

한옥의 화장실

용도에 따라 필수적인 주거 시설을 구분한다면 크게 네 가지로 나눌 수 있다. 첫 번째는 거실과 같이 가족이 모여 대화를 하거나 함께 TV를 보는 일상생활의 공간이다. 한옥의 경우는 겨울철에는 방, 더운 여름에는 대청마루와 마당이 그러한 역할을 한다고 할 수 있다. 마당은 또한 작업공간을 겸한다. 현대의 주거환경에서 볼 때, 한옥의 마당과 같이 작업공간의 기능을 수행하는 곳은 아파트의 베란다이다. 물론 단독주택은 마당이 따로 존재하지만, 아파트는 그러한 공간이 없으므로 아파트에서 굳이 그러한 공간을 찾는다면 베란다라고 할 수 있다. 베란다에 화분을 놓고 식물을 키우거나 김장에 쓸 배추와 무를 씻거나 하기 때문이다. 그러나 요사이 새로 짓는 아파트는 베란다를 없애는 경우가 많아 작업공간이 점점 줄어들고 있다. 한옥의 대청마루는 아파트나 단독주택의 거실에서 찾아볼 수 있는데, 거실 바닥에 나무를 깔아 한옥의 대청마루를 대신한다.

두 번째 필수적인 공간은 잠을 자는 침실을 들 수 있는데, 한옥의 방에 해당한다. 세 번째는 음식을 준비하는 주방인데, 이에 해당하는 것이 한옥의 부엌이다. 부엌은 난방을 위한 아궁이를 두고 그 위에 부뚜막을 설치하여 솥을 걸고 음식물을 조리한다. 음식을 준비하다 보면 습도가 높아져 미생물이 성장하기 유리한 환경이 만들어진다. 따라서 부엌은 깨끗하고 정갈하게 유지하여야만 잘못된 음식물을 먹고 배탈이 나거나 전염병이 번지는 것을 막을 수 있다. 우리 조상들은 미생물에 대한 지식은 없었지만, 부엌이 청결하게 유지되어야 한다는 것을 경험적으로 알고 있었다. 그래서 조리기구, 그릇, 행주, 도마 등은 햇볕에 말려 소독하였으며 물동이도 뚜껑을 덮어 두었다. 이뿐만 아니라 조리 시 복장에도 신경을 썼는데, 앞치마를 두르고 머리에는 두건을 썼다.

부엌에서는 위생과 몸가짐뿐만 아니라 마음가짐도 흐트러지지 않게 조심하였다. 부엌을 관장하는 조왕신(竈王神)이 있다고 믿었기 때문이다. 미생물의 존재를 알지 못하던 시절에는 무엇이 질병을 일으키는지 알 수 없었다. 그런 상황에서 간간이 온 가족이 식중독에 걸리기도 하고 음식을 먹고 질병에 걸리기도 하니 두려움이 생겨났을 것이다. 따라서 두려움을 극복하기 위해 조왕신을 섬기고 이를 무섭게 여겨 조심하게 되었다. 조왕신을 섬기는 마음에서 부엌에서는 청결을 유지하고 몸가짐과 마음가짐을 경건히 하면서 가족의 건강을 기원한 것이다. 조왕신을 믿고 조심하는 것이 위생상 도움이 되었고 가족의 질병이 줄어들었기에 그러한 행동이 강화되어 더욱더 신을 믿게 되었다. 이는 날씨에 대한 예측이 불가능했던 옛날에 바다와 호수에 용왕이 산다고 믿으며 제물을 바쳤던 마음과 유사한 것으로 생각된다. 바다가 언제 극심한 변화를 나타낼지 알 수 없으니 두려움이 생기고 이를 극복하기 위해 신을 생각한 것이다. 우리 조상들은 부엌의 조왕신과 함께 집을 관장하는 성주신을 모셨다. 성주신을 모시기 위해 백지로 만든 봉지에 쌀을 넣어서 대들보나 마루 기둥에 매달아 두기도 하고 조그만 단지 안에 쌀이나 보리를 넣어 성주단지를 만들기도 하였다. 옛말에 '성주단지 모시듯 한다'라는 표현이 있는데, 이는 집을 관장하는 성주신을 모시듯 귀중히 간수한다는 뜻이다.

마지막으로 집에서 필수적인 공간은 화장실이다. 현대의 화장실은 상수도 설치 및 수세식 변기 보급으로 인해 거실 바로 옆에 위치하면서 목욕과 세수를 겸하는 친숙한 공간이지만, 전통한옥에서는 필수적인 공간임에도 불구하고 될 수 있으면 본채와 떨어진 구석진 곳에 두고 멀리하는 곳이었다. 이름마저 '뒷간'으로 불렀다. 본채에서 되도록 먼 곳에 뒷간을 두었던 이유는 위생상의 문제를 해결하고 냄새를 피하기 위해서였다.

우리가 대소변을 보기 위해 화장실을 사용하는 시간이 하루에 30~40분이라고 가정해 보자. 인간의 수명을 80년으로 볼 때 평생 동안 2년 가까운 시간을 화장실에서 보낸다는 계산이 나온다. 또한 사람이 하루에 300g에서 400g 정도의 대변을 배설한다면 평생 10여 톤에 달하는 대변을 만들어 낸다. 이러한 숫자들은 배설의 중요성뿐만 아니라 배설물 처리의 중요성을 말해 준다고 하겠다. 우리 속담에 뒷간에 대한 언급이 많은 것도 이러한 까닭이다. 뒷간이 집의 구성에서 중요한 부분이고 하루에 한 번 이상을 꼭 들르는 곳이다 보니 뒷간을 부르는 말도 다양하여 지역에 따라 통시, 통싯간, 정낭, 칙간, 측간 등으로 부르고 있다.

한옥의 뒷간은 땔감을 태우고 남은 재를 보관하는 잿간과 붙어 있는 경우가 많았다. 잿간과 뒷간이 붙어 있었던 이유는 인분의 처리와 관련이 있다. 한옥의 뒷간은 여러 가지 형태가 있었는데 첫 번째가 부춛돌 뒷간이다. 이 경우 뒷간은 구덩이가 따로 없이 평평하고 길쭉한 두 개의 부춛돌이 평행하게 놓여 있고, 대변을 볼 때는 부춛돌 위에 왼발과 오른발을 올리고 쪼그려 앉아 볼일을 본다. 잿간이 뒷간과 붙어 있는 이유는 대변 덩어리에 재를 뿌려 주면 냄새도 잡아 주고 건조도 쉬워지기 때문이다. 재를 뿌린 인분은 잿간 한쪽에 쌓아 두었다가 후에 두엄을 만들거나 땅에 묻었다. 두 번째 형태는 항아리를 이용하는 수거식 뒷간으로, 큰 항아리를 땅에 파묻고 그 위에 판자를 걸쳐서 사용하는 방법이다. 항아리의 인분을 정기적으로 퍼다가 밭에 구덩이를 파고 묻어 두면 미생물에 의해 인분이 삭으면서 퇴비가 된다. 이러한 구덩이를 소매구덩이라 한다. 농촌에서는 똥돼지 뒷간도 있었는데, 이것은 뒷간 아래에 돼지우리를 만들어 돼지를 키우면서 인분을 먹게 하는 것이었다.

절에서는 뒷간을 해우소(解憂所)라 불렀는데 이는 '근심을 덜어 주는 곳'이라는 뜻이다. 절 근처의 산비탈에 해우소를 짓고 그 비탈길 아래 평지에 밭을 일궈 채소를 키운다. 해우소의 인분이 떨어지는 곳에는 짚이나 낙엽 등을 깔아 둔다. 이후 정기적으로 인분을 긁어모아 한곳에

사찰의 해우소

쌓아 두고 미생물이 유기물을 분해하도록 한다. 반년 이상 지나면 유기물이 완전히 분해되어 질 좋은 거름(비료)이 만들어지는데, 이것을 퇴비라 한다. 이렇게 만들어진 퇴비를 비탈길 아래 밭에 뿌려 주면 천연의 비료로 작용하여 농작물을 잘 자라게 한다.

예전의 농촌에서는 흔히 두엄을 이용하여 퇴비를 만들었다. 두엄은 인분(人糞) 혹은 축분(畜糞)의 친환경적 재활용의 좋은 예를 보여 준다. 두엄을 만들기 위해 지푸라기, 톱밥, 왕겨, 식물 줄기 등과 인분, 축분 혹은 음식물 찌꺼기를 섞어 쌓아 둔다. 두엄 안에서 미생물들이 자라면서 퇴비가 만들어진다. 가끔 두엄에 재를 뿌리기도 하는데, 염기성인 재가 퇴비에 섞여 있으면 산성화된 토양을 중화시키는 효과가 있기 때문이다. 두엄을 이용하여 퇴비를 만들 때 중요한 것은 탄질비라 할 수 있다. 탄질비는 유기물에 포함된 탄소와 질소의 비율로서, 톱밥, 지푸라기, 왕겨, 식물 줄기 등은 섬유소(셀룰로스) 함량이 높아 탄질비가 커서 바로 밭에 뿌려 비료로 쓸 수 없다. 이것들을 탄질비가 상대적으로 낮은 분뇨 혹은 음식물 찌꺼기와 섞으면 탄질비가 낮아지게 된다. 탄질비는 미생물이 자랄수록 더 낮아진다. 미생물이 산소호흡을 통해 유기물을 분해하면서 이산화탄소를 방출하기 때문에 탄소의 함량이 낮아지면서 비료로 쓰기에 적합한 탄질비를 만들어 내는 것이다.

미생물이 자라면서 유기물 분해가 활발히 일어나기 위해서는 산소호흡을 하는 미생물들이 많이 자라야 하고 이를 위해서는 두엄에 산소 공급이 잘되어야 한다. 원활한 산소 공급을 위해 두엄을 뒤적여 주거나 파이프 같은 것을 두엄에 꽂아 두어 바깥 공기가 잘 들어가도록 한다. 미생물의 성장을 위해서는 어느 정도의 수분이 필요하고 내부 온도도 높아야 한다. 두엄더미를 지나면서 보면 한겨울에도 김이 무럭무럭 나는 경우가 있는데, 내부에서 미생물이 자라면서 열을 내기 때문이다. 두엄의 분뇨를 완전히 분해하려면 6개월 이상이 걸린다. 이것은 분뇨에 포함된 기생충의 포자를 완전하게 파괴하는 데 필요한 시간이기도 하다.

현대의 수세식 화장실은 위생적이고 편리하며 냄새가 나지 않아 거실에 가까이 있어도 문제가 없다. 수세식 화장실이 우리 생활을 편하게 해 주는 장점이 있으나 너무나 많은 양의 물을 사용한다는 것이 단점이다. 그래서 물 사용을 줄이기 위해 나노막 변기(nanomembrane toilet)와 같은 첨단 변기를 개발하고 있다. 이것은 빌&멜린다 게이츠 재단에서 추진하고 있는 친환경적인 변기를 개발하려는 세계적 도전의 일환으로, 영국의 크랜필드대학교에서 개발되었다. 나노막 변기는 변기의 세척에 물을 사용하지 않을 뿐 아니라 대변은 좌변기에 설치된 화로에서 소각된다. 소변 또한 좌변기에 설치된 필터를 통과시켜 정원수나 농작물을 키우는 데 사용할 수 있다. 2022년의 보도에 의하면 이러한 첨단 친환경 변기의 개발에 우리나라의 삼성종합기술원이 가세하였다. 고체는 탈수, 건조, 소각을 통해 처리하고 액체는 바이오 정화방식으로 처리하는 방식을 개발하여 상하수 시설이 열악한 지역에 보급할 계획이라 한다.

상하수도 시설이 완비되지 않은 개발도상국의 경우에는 수세식 화장실의 설치가 어려워 위생 문제가 발생한다. 현재 전 세계 인구 70억 명 중 약 26억 명이 위생적인 화장실을 사용하지 못하는 실정이다. 분변 1g에는 약 천만 개의 바이러스 입자, 백만 개의 박테리아, 천여 개의 기생충 포낭과 백여 개의 기생충 알이 존재한다. 콜레라와 설사병을 비롯한 수많은 질병이 분변에 의해 전파된다. 인류 역사상 질병 치료에 가장 크게 이바지한 것은 페니실린과 같은 항생제가 아니라 위생적인 분변 처리 시설이라고 한다. 수세식 화장실이 없는 곳의 위생 문제를 해결하기 위해 타이거 화장실이나 에코산 화장실과 같은 친환경적인 화장실이 개발되어 설치되고 있다.

타이거 화장실은 배변 시설에서 하수관을 통해 인분을 정화조로 보낼 때 소량의 물만 있으면 된다. 정화조 흙에는 타이거 웜이라 불리는 줄지렁이를 수천 마리 키우면서 인분을 처리하게 한다. 에코산(ecosan)이라는 용어는 'ecological sanitation'의 줄인 말로, 일련의 처리 과정을 통해 분변을 농업에 맞는 비료로 재활용하는 친환경적인 체계를 뜻한다. 에코산 화장실에서 분변을 퇴비로 전환하는 방식은 사찰의 해우소나 두엄에서 볼 수 있는 방식과 유사하다. 우선 두 개의 구덩이 위에 각각 배변 시설을 설치하고 한쪽을 먼저 사용한다. 소변과 대변을 분리하여 모으는데 소변은 희석하여 바로 비료로 쓸 수 있다. 구덩이에 모으는 대변은 한 번 사용할 때마다 모래나 흙, 톱밥, 라임 등을 뿌려 주어 탄질비를 조정하고 냄새를 잡는다. 사용하던 구덩이가 다 차면 입구를 막고 미생물에 의한 분해가 일어나도록 한다. 소변과 대변을 분리하는 이유는 대변을 모은 덩이가 물에 잠기면 산소 공급이 잘 되지 않고 이로 인해 산소호흡을 하는 미생물들의 성장이 느려지기 때문이다. 6개월 이상이 지나면 비료로 쓸 수 있게 된다.

초고층 건물

현대문명을 상징하는 것에는 여러 가지가 있겠으나 그중 하나가 고층 건물들이 만들어 내는 도시의 스카이라인이다. 세계 유명 도시에는 첨단 건축술을 자랑하듯이 초고층 건물들이 다투어 지어지고 있다. 이러한 건물들이 세워지기까지는 여러 가지 공학, 건축학 및 과학기술의 발전이 있었다. 이러한 발전에는 어떤 것들이 있는지 알아보자.

현재 세계에서 가장 높은 건물은 2010년에 아랍에미리트의 두바이에 세워진 부르즈 할리파로, 그 높이가 830m에 달한다. 우리나라 기업인 삼성물산이 건설에 참여하였다. 그러나 앞으로는 사우디아라비아의 제다에서 건설 중인 킹덤타워가 높이 1,000m를 넘어서면서 세계에서 가장 높은 건물이 될 것이다. 이 밖에도 상하이(중국)에 세워진 상하이타워(632m, 2014년 준공), 메카(사우디아라비아)의 아브라즈 할 바이트(601m, 2012년 준공), 서울의 롯데월드타워(555m, 2016년 준공), 맨해튼(미국)의 TWTC 건물(541m, 2014년 준공) 등이 있다.

고층 건물을 세우기 위해 고려해야 할 것이 너무나 많지만 우선 지반에 관련된 문제부터 생각해 보자. 대개의 문명은 농경사회의 형성을 밑거름으로 하기에 강을 끼고 정착 생활을 하면서 발달해 왔다. 따라서 단단한 암석지대에 도시가 발달하기보다는 상류로부터 강을 따라 실려 온 토사가 만들어 내는 비옥한 땅을 중심으로 도시가 발달하였다. 양쯔강 하류에 있는 상하이시가 그러한 경우라 할 수 있겠다. 상하이시의 토양은 점토성으로, 무게가 100만 톤 이상인 상하이타워를 짓기에는 지반이 너무 약하다는 문제가 있었다. 이를 극복하기 위해 강화 콘크리트를 이용한 넓은 판 위에 건물을 세우는 방식이 사용되었다. 이러한 건축 방식을 이해하기 위해서 찰흙과 젓가락을 이용한 실험을 생각해 보자. 찰흙을 젓가락으로 누르면 쉽게 구멍이 뚫린다. 그러나 찰흙 위에 작은 동전을 얹어 두고 그 동전을 젓가락으로 누르면 아무리 큰 힘을 가하더라도 구멍을 뚫기가 쉽지 않다. 이러한 원리를 이용하여 점토성 토양 위에 강화 콘크리트로 만들어진 넓은 판(기초 매트라 부른다)을 시공하고 그 위에 건물을 올리는 방법이 사용된다.

중동과 같은 사막지대는 모래와 같은 사암성 토양으로 인해 초고층 건물을 짓기가 쉽지 않다. 이러한 경우는 기다란 기둥을 지반에 밀어 넣어 지반을 다지는 방식을 사용한다. 중동의 사암성 토양에 세워진 부르즈 할리파는 건축을 위해 200여 개의 기둥을 꽂았다고 한다. 롯데월드타워도 직경 1m, 길이 30m의 기둥을 108개 꽂아 지반을 강화하고 축구장 넓이의 기초 매트를 시공한 뒤 공사를 진행했다.

초고층 건물은 엄청난 하중(물체에 작용하는 외부의 힘 또는 무게)을 가지므로 건물 아래층으로 갈수록 높은 하중을 받게 되는데, 이를 어떻게 분산시키느냐도 중요한 문제이다. 예를 들어 2~3층 높이의 건물을 짓는다면 벽을 어느 정도 두껍게 하는 방법으로 하중을 해결할 수 있으나 수십 층에 달하는 초고층 건물은 이러한 방법으로는 한계에 도달할 수밖에 없다. 철근 콘크리트를 사용하는 방법이 가능하나 이것은 곡선이나 자유로운 형태의 건물을 짓는 데 한계가 있다. 이를 해결하는 방법이 바로 다이아그리드(Diagrid) 공법이다. 다이아그리드는 대각선을 뜻하는 'diagonal'과 격자를 뜻하는 'grid'의 합성어이다. 다이아그리드 공법으로 지은 건물을 보면 내부에 철근과 콘크리트로 지은 튼튼한 코어와, 'ㅅ' 자 모양의 철근을 여러 개 쌓아 올려 대각선 격자(혹은 그물망) 형태로 만든 외골격으로 구성되어 있다. 외견상 대각선의 격자로 보이는 다이아그리드 외골격은 마치 대나무로 만든 죽부인처럼 겉에서 힘을 주어도 잘 찌그러지지 않고 건물 외벽에 하중이 미치지 않게 하여 자유로운 곡선 형태의 건물을 만들어 낸다. 또한 층을 떠받치는 내부 기둥이 필요 없으므로 내부 공간이 넓어지는 장점이 있다.

코어와 외골격이 따로 노는 것을 방지하기 위해 일정 간격으로 철제로 된 아우트리거(outrigger)를 이용하여 코어와 외골격을 연결한다. 이러한 연결은 건물이 좌우로 흔들리는 것을 방지한다. 아우트리거와 같이 설치하는 구조물로 벨트 트러스(belt truss)가 있는데, 이것은 역도 선수의 벨트처럼 외골격을 둘러싸면서 코어가 받는 힘을 분산시키는 역할을 한다. 대나무가 잘 꺾이지 않는 이유는 마디가 있기 때문이다. 아우트리거와 벨트 트러스는 대나무의 마디와 같은 구실을 하면서 높다란 초고층 건물에 안정감을 더해 준다.

다이아그리드 공법으로 만들어진 건물에 풍하중과 지진하중 같은 충격이 가해지면 한쪽이 흔들려도 다른 쪽이 당겨지면서 제자리를 찾아 버티게 되어 안정한 상태를 유지하기 때문에 현대 건축에 이 공법이 많이 쓰이고 있다. 외골격은 하중을 받지 않으므로 다양한 곡선 형태를 띨 수 있고 수직으로 뻗은 것이 아니라 가운데가 불룩하게 튀어나온 건물도 가능하다. 다이아그리드 공법의 백미는 외관상 옆으로 기울어져 있어 넘어질 듯 보이는 건물도 지을 수 있다는 것이다. 이는 아부다비의 캐피털 게이트(Capital Gate)를 보면 쉽게 이해할 수 있다. 이 건물은 '쓰러지는 건물'이라는 별명을 가지고 있는데, 실제로는 내부의 코어가 외골격을 잡고 있어 구조적으로 안정하다. 이 외에도 다이아그리드 공법을 적용한 초고층 건물로는 런던의 30 세인트 메리 액스(30 St Mary Axe, 작은 오이 또는 피클이라는 뜻을 가진 '걸킨the Gherkin'이라고도 불린다)와 서울의 롯데 월드타워 등이 있다.

초고층 건물이 가능하게 된 과학기술의 발전에서 가장 결정적인 것은 안전한 엘리베이터 개발을 들 수 있다. 엘리베이터는 로마 시대부터 있었지만, 엘리베이터를 매단 줄이 끊어져서 타고 있는 사람이 다칠 수 있었기에 물건을 올리거나 내릴 때만 사용되었다. 현대식 엘리베이터는 미국의 엘리샤 오티스에 의해 개발되었는데, 그는 1854년 뉴욕에서 열린 만국박람회에서 끊어져도 땅에 떨어지지 않는 엘리베이터를 선보이며 많은 사람들의 관심을 끌었다. 그는 '오티스 엘리베이터'라는 회사를 설립하고 사업화를 시도하였으나 모방 업체의 난립으로 자신이 세운 기업의 성공을 보지 못한 채 1861년에 사망하였다. 그의 아들들이 사업을 이어받아 1889년 파리 에펠탑에 오티스 엘리베이터를 설치하면서 안전성이 입증되었다. 이후 엘리베이터가 대중화되었고 고층

아부다비의 캐피털 게이트　　런던의 30 세인트 메리 액스　　서울의 롯데월드타워

건물이 곳곳에 세워지면서 오티스 엘리베이터는 세계적인 기업이 되었다. 엘리베이터 이전 시대에는 사람이 걸어 올라갈 수 있는 한계 때문에 건물이 5층을 넘기 어려웠으나 안전한 엘리베이터 개발로 인해 고층 건물 건설이 가능하게 되었고 현대적 도시의 스카이라인을 만드는 데 결정적인 공헌을 하였다. 건물에 엘리베이터가 없던 시대에는 2층이 가장 인기 있는 층이었지만 엘리베이터가 대중화된 이후에는 '펜트하우스'로 불리는 옥상층을 선호하는 사람이 많아졌다.

초기 엘리베이터의 단점은 느리다는 것이었고, 사람들의 지루함을 달래기 위해 엘리베이터에 거울을 설치하여 옷매무새를 가다듬게 하였다고 한다. 초고층 건물은 높이가 일반 건물보다 훨씬 높아서 엘리베이터도 훨씬 빨라야 한다. 2004년 준공 당시 세계에서 가장 높은 건물이었던 타이베이 101 타워에는 500m를 약 30초에 오르내릴 수 있는 엘리베이터가 설치되었다.

초고층 건물의 꼭대기는 지상으로부터 멀리 떨어져 있어 흔들림에 취약한 특징이 있다. 일반적으로 초고층 건물은 지진이나 강풍에 흔들릴 수 있는데, 지진에 의해 발생하는 수직 및 수평 방향의 충격은 내진 설계를 통해 해결한다. 내진 설계는 촘촘하고 튼튼한 기둥 설치, 'ㄴ' 자 형 혹은 'T' 자 형의 내부 설계, 벽면 보강 설비, 지반과 건축물 사이에 탄성재 삽입 등으로 건물의 충격을 완화하는 방법을 이용한다.

일반적으로 초고층 건물은 지진보다 강풍에 의한 흔들림이 더 심각한 문제를 일으키는데, 건물 윗부분은 거의 태풍 수준의 강풍이 불어닥치기 때문에 창문을 낼 수 없다. 그리고 만일 건물의 진동과 바람의 진동이 맞으면 상승 작용이 일어나 더 크게 흔들리게 된다. 이는 마치 그네를 탈 때, 그네의 진동에 맞춰 발을 구르면 그네가 앞뒤로 더 크게 움직이는 것과 같은 이치이다. 강풍에 의한 건물의 흔들림을 방지하기 위해 다양한 건축 및 공학 기술이 사용된다. 우선 건물의 모양이 각지게 되면 모서리를 지나는 바람이 회오리바람으로 바뀌기 때문에 이를 방지하기 위해 위로 갈수록 점점 건물이 가늘어지면서 건물 상층부는 각지지 않고 둥글게 설계한다. 또한 건물을 수직으로 세우지 않고 나선형으로 꼬이게 하거나 단순한 사각형이 아닌 불규칙한 모양을 띠게 하여 바람의 방향을 분산시킨다. 건물 상층부에 큰 구멍을 뚫어 바람구멍을 내기도 한다.(상하이 세계금융센터) 부르즈 할리파의 경우는 위에서 내려다보면 건물이 세 방향으로 튀어나온 'Y' 자 형태를 띠고 있는데, 앞의 두 날개가 바람을 맞아도 뒤의 날개가 흔들림이 없도록 건물을 지지하는 구실을 한다.

이 밖에도 지진이나 강풍에 의해 좌우 운동이 발생하고 이로 인해 건물 윗부분이 흔들리는 것을 방지하기 위해 다양한 방법이 쓰인다.

동조 질량 댐퍼(Tuned mass damper) 혹은 동조 액체 댐퍼가 그것이다. 동조 질량 댐퍼의 경우 건물 꼭대기에 무거운 추를 달아 둔다. 상하이타워의 경우 무려 1,000톤에 달하는 추가 쓰이는데, 만약 건물 꼭대기가 좌우로 흔들리면 달려 있던 추가 관성의 법칙에 따라 흔들리는 방향과 반대로 움직이면서 건물을 당겨 세우는 역할을 하는 것이다. 동조 액체 댐퍼의 경우는 건물 상층부에 'U' 자 형의 거대한 수조를 설치한 후 물을 꽉 채우지 않고 일부만 채워 둔다. 건물 상층부가 흔들리면 수조의 물이 관성의 법칙에 따라 반대로 움직이며 건물을 당겨 세운다. 앞서 기술한 다이아그리드 공법도 건물의 흔들림을 막아 주는 기능이 있어서, 그물망 형태의 외골격과 이를 코어와 연결해 주는 아우트리거와 벨트 트러스가 합동으로 작용하여 빌딩을 단단히 고정하여 흔들림을 막는다.

초고층 건물에서 재미있는 부분은 출입구에 여닫이문이나 미닫이문이 없고 회전문만 있다는 것인데, 이는 건물을 들고 나는 바람을 막기 위해서다. 추운 겨울날 초고층 건물에서 일어나는 바람의 흐름에 대해 생각해 보자. 각 층에서 난방을 하면 기온이 상승하고, 따뜻한 공기는 대류 현상에 의해 위로 이동하면서 건물 하부의 공기압을 낮추게 된다. 이때 1층에서 문을 열면 바깥의 차가운 공기가 건물 안으로 세차게 몰아치게 된다. 이를 굴뚝 효과라 한다. 더운 여름에는 냉방으로 인해 반대의 현상이 일어날 것이다. 굴뚝 효과로 인한 이러한 현상들을 방지하기 위해서 출입구에는 회전문만 설치한다.

초고층 건물에는 수천여 가구에 해당하는 사람이 상주하기에 전기와 상하수도 공급 문제도 발생한다. 전기의 경우 건물 곳곳에 풍력,

태양력 또는 지열 발전을 설치하고 이를 통해 전기를 생산하며, 이중창으로 태양열을 차단하여 냉방에 드는 비용을 절약하는 등의 노력을 하고 있다. 물을 안정적으로 공급하기 위해 20~30층 간격으로 수조를 설치하기도 한다.

화재의 방비 또한 쉬운 일이 아닌데, 방화 설비와 불연성 소재 사용 등 건물마다 특징적인 방화 설비를 한다. 부르즈 할리파의 경우를 예로 들면, 30층마다 대피소가 설치되어 있으며, 각 대피소에는 철근 콘크리트에 내화 시트를 부착하고 불연성 파이프를 통해 외부 공기를 공급한다. 또한 밀폐된 방화문이 연기를 차단하여 대피소에서 2시간 정도 견딜 수 있게 하는 등의 설비가 되어 있다.

2

음식문화에 숨어 있는 과학

Q.

01 우리의 한식문화에는 어떤 과학적 지식이 숨어 있을까?

02 미래의 식량은 어떤 모습일까?

03 장내 미생물은 우리의 육체적 건강과 정신적 건강에 어떤 영향을 미칠까?

한식문화

한국인의 문화를 대표하는 가장 큰 부분이 한식문화일 것이다. 외국으로 삶의 거점을 옮긴 후 몇 세대가 지난 한국인을 보면 사는 집이나 입는 옷은 그 나라의 풍습을 따를 수 있으나 먹는 음식은 쉽게 변하지 않는다. 현재의 우리 삶을 보더라도 조선 시대의 한옥, 한복, 한식과 같은 기본적인 생활문화 중에서 한식문화가 가장 많이 남아 있다고 할 수 있다. 따라서 한식문화는 한국인으로서의 정체성을 유지하고 나타내는 주요 요소라 할 수 있다. 이것은 비단 한국인에 국한된 것이 아니라 거의 모든 문화권에서 동일하다.

지난 20여 년 동안 한국인의 음식문화가 세계에 알려지고 한류의 확산과 함께 한식의 세계화가 일어났다. 육류보다는 채소류를 많이 쓰고 다양한 발효음식이 사용되어 건강식으로 알려진 한식은 세계적으로 일반 대중과 요리사들의 관심을 받고 있다. 한국인으로서 우리 한식문화의 좋은 점은 무엇이고 그 맛에는 어떤 과학적 비밀이 숨어 있는지를 알아보는 것은 앞으로 우리가 유지하고 발전시켜야 할 한식문화의 미래를 위해 필요한 과정이라 하겠다.

한식의 첫 번째 특징은 밥이 주식이라는 것이다. 식탁에 오르는 다른 음식들은 밥을 맛있게 먹을 수 있도록 도와주는 역할을 한다. 밥은 따로 간을 하지 않기 때문에 소금기가 많은 반찬이 발달했다. 재료를 소금에 절인 젓갈, 김치와 된장 등이 그것이다. 그런데 소금기 많은 음식 섭취로 인해 한국인의 연간 나트륨 섭취량이 높다고 하니 주의가 필요하다. 한국인에서 여러 종의 암을 분석해 보면 위암이 다른 암보다 발병률이 높은 경향이 있다. 나트륨 섭취량과 위암 발생률이 비례한다는 연구 결과를 볼 때 음식을 싱겁게 조리해 먹거나 소금에 절인 음식의 섭취를 줄일 필요가 있다. 식품의약품안전처와 국민건강영양조사에 따르면 2010년 기준 한국인의 하루 나트륨 섭취량은 4,831mg으로 세계보건기구 권고량 2,000mg의 두 배 이상이었다. 다행히 이후 점차 감소하는 추세를 보이면서 2017년에는 3,669mg으로 낮아졌다. 이는 나트륨 함량이 높은 음식의 위험성에 대한 인식 확대와 이에 따른 저염 식품 선호도 증가 때문으로 볼 수 있다. 저염 식품 섭취는 고혈압 유병률의 감소와도 연관이 있다.

한식의 두 번째 특징은 국이 밥과 함께 밥상에 오른다는 것이다. 이는 마른 반찬류를 먹다가 목이 메는 것을 방지하기 위해서이다. 국은 차가운 것보다는 뜨거운 것을 선호하는데, 이는 한옥의 온돌문화에서 볼 수 있듯이 뜨거운 것을 선호하는 한국인의 성향이 반영된 것으로 생각된다. 한식을 먹을 때는 수저를 사용하는데, 우리나라는 쇠로 만든 수저를 사용하는 유일한 나라이다. 국이나 찌개를 먹을 일이 많은 한식은 숟가락이 필수적이다. 일본과 중국은 작은 국자 형태의 기구를 사용하여 국물을 떠먹을 뿐 숟가락은 사용하지 않고, 젓가락을 사용하기는 하지만 나무젓가락이 일반적이다. 쇠젓가락은 미끌미끌하여 나무젓가락보다 음식물을 집을 때 요령이 있어야 한다. 한국인이 손기술이 뛰어난 것은 쇠젓가락을 사용하면서 손의 감각 및 손을 제어하는 능력이 발달해서라는 해석도 있다.

한식은 겸상이 일반적이어서, 한 상에 둘러앉아 여러 사람이 반찬을 같이 먹는다. 이러한 전통 또한 한식의 독특한 점이라 할 수 있는데,

김홍도의 풍속화 중에서 한 사람이 한 상을 차려 먹는 외상의 형태도 묘사된 것으로 보아 겸상이 절대적인 것은 아니었다. 한 상에 둘러앉아 음식을 나누어 먹으면 공동체 의식이 강화될 수 있으므로 겸상은 정이 많은 우리 민족의 성향과 관련지을 수 있다.

한식의 또 다른 특징은 된장, 김치, 간장, 젓갈과 같은 염장 발효식품이 발달한 것이다. 염장법은 날씨가 좋은 여름이나 가을에 거두어들인 양식을 보관하여 추운 겨울에도 먹기 위해 개발된 방법이다. 더운 적도 지방에 사는 사람들은 일 년 내내 음식을 고르게 얻을 수 있어 저장 기술이 발달할 필요가 없지만, 사계절이 뚜렷한 한반도에 사는 사람들은 음식물의 저장이 필요하게 되었고 그것이 염장 및 발효 기술의 개발로 이어졌다. 저장을 위해 염장한 음식은 발효가 일어나 감칠맛이 더해지고 그와 함께 영양이나 건강 면에서 매우 뛰어난 효능을 가진 음식으로 거듭나게 된다.

고추를 사용하는 매운 음식이 많다는 것도 한식의 특징이다. 멕시코에서 유래하여 조선 중기에 한반도에 전해진 고추는 음식에 매운맛을 더해 주고 비린내를 잡아 주는 등 다양한 역할을 함으로써 한식의 완성에 이바지했다는 평가를 받고 있다. 고추의 캡사이신은 다양한 건강 증진 효과를 가진다.

한식은 공간 전개형 음식이다. 한 상 떡하니 차린다는 말에서 알 수 있듯이, 밥과 국 그리고 모든 반찬을 한 상에 올려 제공하기 때문에 원하는 반찬을 골라서 먹을 수 있다. 식사하면서 원하는 반찬의 조합을 자유롭게 만들어 낼 수 있어 창의력을 키우는 결과를 낳는다는 주장도 있다. 이에 반해서 서양의 음식들은 시간을 두고 순서대로 음식이 나오는 시간 전개형 음식이다. 시간 전개형 음식은 순서에 따라 나오는 대로 먹기 때문에 음식을 섞을 수 없고 먹는 사람 나름의 조합을 만들 기회가 적다. 공간 전개형의 한식은 시간 전개형 음식보다 섭취에 훨씬 짧은 시간이 소요되는데, 이는 우리의 빨리빨리 문화를 반영하기도 한다. 자유로운 조합을 만들다 보니 한식에는 유달리 섞어서 비비거나 하나로 싸서 먹는 음식이 많다. 대표적으로 비빔밥이나 쌈, 구절판 등을 들 수 있다.

한식은 육식보다는 채식 위주의 음식이 더 많으며 고기를 먹더라도 꼭 채소와 쌈장을 곁들여 먹기 때문에 건강을 지켜 주는 음식이다. 육식을 하더라도 고기를 불에 직접 구워 먹는 방식을 피하였다. 안동 장씨 부인이 1670년경에 쓴 조선 시대 조리서인 『음식디미방』을 보면 150여 가지 요리 지침에서 고기를 직화로 굽는 조리법은 찾기 어렵다. 생선을 포함한 대부분의 육류는 삶거나 찌는 조리법을 사용하였다. 육류를 직화로 구우면 겉의 단백질이 타면서 벤조피렌이나 HCA(heterocyclic amine)와 같은 발암성 물질이 생성된다. 영양학이 발달한 요즘 들어 육류의 과다한 섭취가 성인병 발병의 증가를 가져온다는 것을 알게 되고 채식의 중요성을 알게 되었는데, 과학이 발달하지 않았던 과거에도 채식의 중요성을 간파하고 이를 우리의 한식문화에 반영하였다는 사실이 놀라울 따름이다.

한식문화에는 단점도 있다. 우선 공간 전개형의 한식은 식사하는 동안 음식이 식으면서 맛이 떨어진다. 앞서 기술한 높은 염분 섭취도 문제이다. 또한 겸상의 문화는 비위생적이라 생각될 수 있다. 이러한 단점을 보완하기 위해 한식도 시간을 두고 순서에 따라 나온다든지 음식이나 찌개를 먹을 때 개별 그릇에 덜어 먹는 보완책이 사용되고 있다.

음양오행과 약식동원

한식에는 어떤 과학적 지식이 담겨 있을까? 이 절에서는 조선 시대 우리 조상들의 관점에서 본 한식에 담긴 과학성에 대해 알아보고자 한다. 우리 선조들은 한식에 약식동원(藥食同源)과 음양오행(陰陽五行)의 사상을 담았다.

우선 약식동원의 뜻은 약과 음식은 근원이 같다는 것이다. 우리가 먹는 음식 자체가 우리의 건강을 좌우하는 약으로 작용한다는 생각이다. 요즘도 우리는 배가 아프거나 몸에 질병이 생기면 어떤 음식을 먹는 것이 좋을까 고민하게 된다. 당뇨병에 좋은 음식, 심장병에 좋은 음식 등 각종 질병마다 어떤 음식이 좋다는 자료들은 SNS나 건강지침서 등에서 쉽게 찾을 수 있다. 약식동원의 사상에 근거를 두고 우리 조상들은 식품 재료를 음양오행설에 따라 배합하고 이것을 약선(藥膳: 병을 예방하고 치료를 돕기 위하여 먹는 약재를 넣어 조리한 음식)으로 삼았다. 또한 제철 음식들은 그 시기 자연의 기운을 그대로 담고 있다고 생각하여 절식(節食: 절기에 따른 음식)을 먹으며 건강을 기원하는 마음을 가졌다.

특별한 날에 먹는 절식의 예로는 대보름(음력 1월 15일)에 먹는 오곡밥과 액운을 예방하기 위한 부럼(입에 넣고 꽉 깨물어서 크게 소리 나게 먹는 땅콩, 호두와 같은 견과류)을 들 수 있다. 삼짇날(음력 3월 3일)에는 진달래꽃으로 부친 화전이나 쑥떡을 먹었고, 청포묵과 각종 나물을 버무린 탕평채가 상에 올랐다. 탕평채는 몇 가지 재료들을 채 썰어 요리한 뒤 섞어 먹는 음식으로, 녹두묵의 푸르스름한 흰색, 고기의 붉은색, 미나리의 푸른색, 김의 검은색이 섞인 음식이다. 이들 색이 대표하는 것은 조선 시대 권력을 잡았던 양반들의 당파로 알려진 서인, 남인, 동인, 북인이었다. 각 당파의 출신들을 고루 등용하여 당파 간의 균형을 유지하려는 영조의 의지가 담긴 음식이기도 하다. 하지나 입추 후 경일(육십갑자의 일진이 경으로 시작하는 날)에 맞이하는 복날에는 장어, 민어, 보신탕이나 삼계탕, 참깨와 닭으로 만든 임자수탕을 먹었다. 추석(음력 8월 15일)에는 햇곡식으로 만든 송편, 동지(양력 12월 22일 혹은 23일)에는 팥죽이 상에 올랐다.

한식문화에는 음양오행이 반영되어 있다. 음양오행은 조선 시대의 과학 사상으로서, 음식문화뿐만 아니라 다른 문화에도 전반적으로 영향을 미쳤다. 음양오행은 음양설과 오행설이 기원전 4세기 중국의 전국 시대에 합쳐지면서 만들어진 사상으로, 한나라 시대에 정합적인 이론으로 성립되었다. 이 사상은 삼국 시대에 한반도에 전해졌으며 조선 시대 들어서 널리 보급되어 생활 각 분야에 지대한 영향을 미치면서 우리 민족의 사상적 원형으로 발전했다는 평가를 받는다.

음양설은 우주나 인간의 모든 현상을 음과 양으로 해석한다. 해와 달, 하늘과 땅처럼 두 개의 상호보완적인 양과 음이라는 힘이 우주 삼라만상의 발생·변화·소멸에 작용한다는 것이다. 이때 양은 능동성, 더위, 밝음, 건조함, 굳음과 같이 남성적인 힘을, 음은 수동성, 추위, 어둠, 습기, 부드러움과 같은 여성적인 힘을 의미한다. 오행설은 우주 만물은 쇠[金], 물[水], 나무[木], 불[火], 흙[土] 등 다섯 가지 원소로 구성되어 있다고 보는 이론이다. 음양설과 오행설이 합쳐진 음양오행설은 우주의 작용과 인간 생활의 모든 현상을 해석하는 사상으로 발전하였다.

음양오행의 사상은 성리학과 밀접한 관련성이 있다. 중국 송대에 성립된 유학 사상인 성리학은 우주와 인간의 법칙을 통일적으로 파악하고자 음양오행설을 수용하였다. 다음은 『한국민족문화대백과사전』에서 인용한 것으로, 성리학과 음양오행의 관련성이 잘 설명되어 있다.

> 음양오행설의 영향은 성리학의 대표적 고전 중 하나인 주돈이(周敦頤)의 『태극도설(太極圖說)』에 잘 나타나 있다. "태극이 움직여 양을 낳고, 움직임이 극도에 이르면 고요하게 되는데, 고요하여 음을 낳는다. …… 양이 변하고 음이 합치되어 수·화·목·금·토를 낳는다."라고 하여 '태극–음양–오행'의 구도를 정립하고 있다.

음양오행의 사상이 우리 문화에 영향을 미친 근본적인 이유는 조선시대의 지배 사상으로 성리학을 받아들였기 때문이다. 성리학은 중국의 송나라와 원나라에서 일어났던 부강한 문명의 근본 사상이었고 새로 나라를 세운 조선은 이를 받아들여 부국강병을 꾀하였다. 성리학과 함께 받아들여진 음양오행의 사상은 왕궁은 물론 일반인의 생활문화와 학문 전반에 영향을 미쳤으며 한방의학의 중요한 기초이론으로 사용되었다.

한방에서 찾을 수 있는 음양오행의 예를 들어 보면 다음과 같다. 한방에서는 우리의 신체가 오장(五臟: 간, 심장, 비장, 폐, 신장)과 육부(六腑: 쓸개, 위장, 소장, 대장, 방광, 삼초)로 구성되어 있다고 본다. 신체를 기능별로는 오체(五體: 힘줄, 혈맥, 힘살, 피부, 뼈)로 나눈다. 사람의 머리는 오관(五官: 귀, 눈, 입, 코, 혀)으로 나눌 수 있으며 병의 원인이 되는 다섯 가지 기운은 오기(五氣: 바람, 더움, 차가움, 건조함, 습함)라 불렀다. 음식의 맛을 오미(五味: 신맛, 쓴맛, 단맛, 매운맛, 짠맛)로 구분하였고, 사람의 감정 또한 다섯 가지로 나누었는데 기쁨,

오행과 오방색, 오장, 오미, 오상의 연결을 보여 주는 표

오행	방위	오색	오장	오미	오상
목	동	청색	간	신맛	인
금	서	백색	폐	매운맛	의
화	남	적색	심장	쓴맛	예
수	북	흑색	신장	짠맛	지
토	중앙	황색	비장	단맛	신

화남, 욕구함, 두려움, 슬픔이 그것이다.

음양오행을 그 기본적인 이론으로 받아들인 한방은 의학과 생활의 다양한 요소들을 통합하고자 하였다. 대표적인 것이 오행을 오방색, 오장, 오미, 오상, 다섯 가지 감정과 연결한 것이다. 오방색은 다섯 방위(동서남북과 중앙)와 오색(청, 백, 적, 흑, 황)을 연결한 것으로, 동쪽을 대변하는 색은 청색, 서쪽을 대변하는 색은 백색이라는 식이다. 오상(五常)은 사람이 마땅히 행해야 할 5가지 덕목으로서 유교의 핵심적 가르침인 인의예지신을 의미한다. 결과적으로 이러한 연결이 의미하는 것은 신장은 흑색, 짠맛과 연결되어 있으므로 신장을 강화하기 위해서는 검은색 음식이나 짠 음식을 먹는 것이 좋다는 식이다. 이를 확대해석하여, 오행을 상징하는 다섯 가지 맛과 색의 음식을 골고루 먹으면 신체도 균형 있게 다스려져 건강을 잘 유지할 수 있다는 것이다. 이는 약식동원 사상과도 일맥상통하는 바가 있다. 물론 이러한 해석은 현대적 관점에서 보면 무리가 있다. 그러나 그 시대에는 최고의 지식 체계였다. 우리가 현재 믿고 있는 과학지식도 수백 년 후의 사람들이 본다면 틀린 부분이 있을 수 있음을 생각해야 한다.

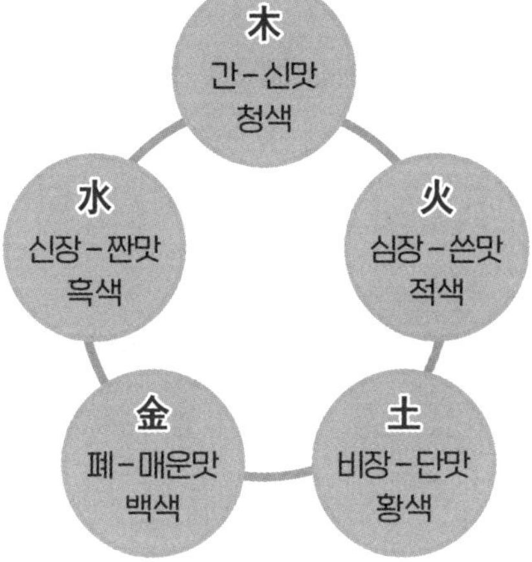

오방색과 오장, 오행, 오미의 조합

이 밖에도 사람의 신체 감각을 오감(五感: 시각, 청각, 후각, 미각, 촉각)으로 나눈다. 심지어 불교에서도 인간이 색성향미촉(色聲香味觸)에 집착함으로써 생겨나는 다섯 가지 욕망을 오욕(五慾: 색욕, 식욕, 수면욕, 재물욕, 명예욕)으로 묘사한 것을 보면 음양오행 사상이 우리 생활에 얼마나 광범위하게 영향을 미쳤는지 알 수 있다.

음양오행 사상이 우리의 문화생활에 미친 구체적인 예를 보면 다음과 같다. 앞에서 언급하였듯이 오행을 상징하는 다섯 가지 맛과 색의 음식을 골고루 먹으면 신체가 균형 있게 다스려져 건강을 잘 유지할 수 있다는 생각이 비빔밥에 구현되어 있다. 비빔밥은 오방색과 오미를 대변하는 다양한 채소와 밥, 달걀을 섞어서 색과 맛의 균형을 이룬 음식이라 할 수 있다. 현대 과학의 관점에서도 다양한 음식이 제공하는 영양소와 비타민, 섬유질 등을 골고루 섭취할 수 있으니 건강식이라 할 수 있다. 이 밖에도 오색 송편, 오색 잡채, 갈비찜의 오색 고명, 오색 쌀, 오곡밥 등의 다양한 예를 찾아볼 수 있다. 음식뿐만 아니라 색동저고리와 같이 의복문화에도 음양오행의 사상이 깃들어 있다.

음식물의 보관

음식물을 저장하는 다양한 방법 중에 첫 번째 방법은 건조(乾燥)이다. 건조하면 습기가 줄어들면서 미생물의 번식을 막아 음식물이 상하는 것을 방지할 수 있다. 다음은 염장(鹽藏)인데, 이는 소금을 많이 넣어 미생물의 번식을 억제하는 방법이다. 냉장(冷藏) 혹은 냉동(冷凍)하여 보관하는 방법은 전기와 냉장고가 발명되기 이전에는 자연적인 방법(예를 들어 여름에도 서늘함이 유지되는 동굴에 보관)을 쓸 수밖에 없었으나 요즘은 일반적인 방법이 되었다. 연기에 그을려서 살균하는 훈연(燻煙)도 사용된다. 이 밖에도 설탕이나 꿀에 절이는 방법도 있다. 음식물 저장의 가장 진화된 형태는 발효라 할 수 있는데, 음식물에 의도적으로 일정한 종류의 미생물이 자라게 하면서 해로운 미생물의 번식을 막는 동시에 성분의 변화를 일으킴으로써 저장성을 높이는 방법이라 하겠다. 불에 굽거나 끓이는 방법을 쓸 수도 있으나, 이것은 단기적인 저장 효과에 그친다. 이상의 여러 방법을 섞은 복합적인 저장법을 쓰기도 하는데, 훈연 건조와 염장 발효가 그것이다. 한식의 특징 중 하나는 발효음식이 많다는 것이고 한식 발효의 대부분은 염장 발효이다.

우리는 오래된 음식물이 상하면 부패(腐敗)했다는 표현을 쓴다. 부패는 발효(醱酵)와 어떤 차이점이 있을까? 발효와 부패는 음식물에 들어 있는 유기물을 이용하여 미생물이 자라면서 성분에 변화가 온다는 점에서는 동일한 과정을 표현한 것이다. 그러나 발효는 음식물 성분이 변화하여 사람에게 유익하게 바뀐 경우이고 부패는 그렇지 않은 경우이다. 따라서 발효된 음식물에서는 향기로운 냄새가 난다고 하고 부패한 음식물에서는 고약한 냄새가 난다고 표현한다. 발효된 음식물은 그 안의 유기물이 부분적으로 분해되면서 사람이 섭취하기 쉬운 형태로 바뀌거나 사람에게 도움이 되는 성분이 새로 생긴다. 부분적 분해가 일어나는 이유는 발효가 극한환경(極限環境)에서 진행되어 미생물의 성장이 제한되기 때문이다. 극한환경을 조성하기 위해 산소의 공급을 막거나 소금의 농도를 높이거나 온도가 낮은 곳에서 발효를 일으킨다. 자라나는 균도 산소가 부족한 상태에서 자라는 소수의 혐기성 균들이다.

한식에서 발효식품을 담글 때 극한환경을 조성하는 예를 보면 다음과 같다. 된장을 담글 때 소금물에 메주를 넣어 발효를 일으킨다. 메주를 눌러 소금물 밖으로 나오지 못하게 하는 것은 산소에 노출되는 것을 막기 위해서이다. 김칫독에 김치를 넣을 때도 소금물에 절인 배추에 양념을 더하여 쌓아 두고 그 위를 배추 겉잎으로 덮어 산소에 노출되는 것을 막는다. 김칫독을 땅에 묻는 이유도 산소의 침투를 줄이면서 낮은 온도를 유지하기 위해서이다. 산소 노출을 막기 위해 요즈음은 아예 비닐로 싸서 김치냉장고에 보관하기도 한다. 반면에 음식물을 산소가 충분히 공급되는 상태로 높은 온도에 두게 되면 그 안의 유기물이 분해되면서 고약한 냄새와 함께 사람에게 해로운 성분들이 만들어진다. 산소가 공급되기 때문에 많은 종류의 호기성 균이 활발히 자라고 산소호흡을 통해 유기물이 완전분해되면서 섭취할 영양분이 남지 않는 것이다.

발효에서 볼 수 있듯이 미생물의 효과적인 이용은 인간의 생존에 커다란 도움을 주었다. 음식물의 장기간 저장에 도움을 주었을 뿐만 아니라 발효를 통해 만들어진 미생물 대사산물들은 음식물에 새로운 영양분을 더해 주어 사람들이 건강을 유지하도록 하였다. 물론 미생물에는 콜레라균이나 페스트균과 같이 사람의 생명을 위협하는 것들도 있지만 우리 조상들은 경험적으로 건강에 도움이 되는 미생물의 이용법을 터득한 것이다. 이뿐만 아니라 우리 몸속에는 수많은 미생물이 사람과 공생하면서 음식물의 소화뿐만 아니라 신체적·정신적 건강에 핵심적인 역할을 하고 있다. 이러한 것을 고려해 볼 때 사람과 미생물의 공생은 필연적이었다고 할 수 있다.

미생물은 사람에게 양날의 검과 같은 존재라 할 수 있다. 미생물에 따라 인간의 생존에 도움이 되는 기능을 수행하기도 하고 인간의 생존을 위협하기도 하기 때문이다. 사람들이 음침한 곳보다 밝은 곳을 선호하는 이유도 미생물과 관련이 있다. 어둡고 습한 곳은 곰팡이와 박테리아 등이 자라면서 퀴퀴한 냄새가 나고 벌레도 많아 건강에 좋지 않다. 햇빛에 포함된 자외선의 살균 효과로 인해 대부분의 미생물은 햇빛이 강한 곳에서는 살지 못한다.(예외적으로 남세균과 같이 광합성을 하는 미생물들은 햇빛이 강한 강이나 호수에서 잘 자란다) 햇빛이 잘 드는 남향의 집을 짓는 이유도 이 때문이라 할 수 있다.

사람들이 밝은 곳을 선호하는 또 다른 이유는 비타민 D 때문이다. 햇빛에 포함된 자외선이 피부에 전해지면 몸속의 콜레스테롤이 비타민 D로 변환된다. 비타민 D는 체내에서 뼈를 튼튼하게 하고 근육의 활동을 원활하게 하며 면역질환을 예방하는 효과가 있다. 다른 한편으로 햇빛을 받지 못하면 우울증에 빠지기도 한다. 햇빛은 뇌에서 세로토닌(행복호르몬이라고도 불린다)의 생성을 촉진하여 우울증을 방지하는 효과가 있기 때문이다. 독일을 포함한 유럽은 일조량이 적어서 우울증에 걸리는 사람들이 많다고 한다. 유럽인들이 햇빛이 나기만 하면 옷을 벗고 일광욕을 하는 이유가 여기에 있다. 유럽에서는 길에 식탁을 두는 식당들이 많은데, 여러 가지 문화적인 이유도 있겠지만 그 이면에는 햇빛을 많이 받기 위한 목적이 숨어 있는 것이다. 그러나 햇빛에 너무 많이 노출되면 자외선이 피부세포에 작용하여 피부가 노화되고 기미, 주근깨 등이 생기거나 심하면 피부세포가 돌연변이를 일으켜 피부암이 발생할 수도 있기 때문에 과도한 노출은 피해야 한다.

미생물과의 협력관계는 사람의 생존을 위해 필수적이었지만 미생물이 질병의 원인이 되기도 했기에 위생적인 환경을 유지하는 것은 중요하였다. 미생물은 지금으로부터 약 300년 전, 현미경이 발명되면서 그 존재가 알려지게 되었다. 그 이전에 살던 우리 조상들은 비록 미생물의 존재를 몰랐지만, 경험에 따라 위생의 중요성을 인지하였다. 우리의 생활공간 중에서 부엌은 습도가 상대적으로 높고 음식물이 많아 미생물이 생활하기 좋은 환경이다. 음식물을 조리하기 때문에 온도도 높아 검은 곰팡이, 붉은 곰팡이, 포도상구균, 대장균 등의 미생물이 자란다. 공기로 전염되는 호흡기 병원균뿐만 아니라 물과 음식물을 통해 전염되는 식중독, 콜레라, 장티푸스, 이질 등의 전염을 막기 위해서 주방과 조리기구들을 위생적으로 관리할 필요가 있다.

앞에서도 언급하였듯 우리 조상들은 부엌에는 조왕신이 있다고 믿으며, 부엌을 깨끗하게 유지하기 위해 노력했고 몸가짐과 마음가짐까지 조심하였다. 이뿐만 아니라 정기적으로 도마나 칼, 식기 등을 햇볕 아래 내어다 바람을 쐬어 습기를 제거하는 거풍(擧風)이라는 방식을 이용하였다. 부엌용품뿐만 아니라 대나무 소쿠리나 광주리, 빨래나 이부자리 등도 햇볕을 쬐어 말렸다. 거풍의 방식은 생활용품과 주방 도구에서 습기를 줄여 미생물의 성장을 억제할 뿐만 아니라 자외선에 의한 살균 효과를 유발한다.

자외선이 살균 효과가 있는 이유는 자외선에 노출되면 미생물의 DNA에 티민이합체(thymine dimer)와 같은 비정상적인 구조체가 형성되면서 유전체에 구조적이고 화학적인 변화가 일어나기 때문이다. 이는 궁극적으로 DNA 염기서열의 변화를 일으켜 돌연변이를 유발한다. 보통의 경우, 미생물은 돌연변이를 제거하는 효소들을 만들어 자외선에 의한 돌연변이를 막아 낸다. 그러나 많은 양의 자외선에 지속해서 노출되면 돌연변이로 인한 유전체의 손상이 너무나 많이 일어나 정상적인 수선이 불가능해져 죽게 된다. 일상생활에서도 이러한 자외선을 이용한 살균 방법을 이용하는데, 식당의 물컵을 보관하거나 공중목욕탕 탈의실의 빗을 넣어 두는 자외선 소독기는 이러한 원리를 이용하여 살균 효과를 얻는다.

한식 전통발효의 황금률

우리가 한식을 먹을 때 식탁에 오르는 발효음식들은 그 제조에 있어 몇 가지 공통적인 특징을 가진다. 첫 번째는 소금을 사용한다는 것이다. 이미 언급하였듯 소금을 사용하는 이유는 극한환경을 만들어 미생물의 번식을 제한하기 위해서이다. 대부분의 미생물은 높은 염도에서는 잘 자라지 못하지만, 된장의 고초균과 김치의 유산균 같은 유익균들은 염도가 높은 환경에서도 자랄 수 있다. 극한환경을 조성하는 또 다른 방법은 산소의 유입을 억제하여 무산소 상태를 조성하거나 저온에서 보관하는 것이다. 우리가 일상생활에서 자주 접하는 미생물들은 산소호흡을 통해 유기물을 분해하기 때문에, 산소의 공급을 억제하는 것만으로도 많은 미생물의 번식을 막을 수 있다. 무산소 상태에서 자라는 미생물들은 증식 환경이 좋지 않으니 원재료를 완전히 분해하지 못하고 부분적인 분해에 그치게 된다. 부분분해된 상태의 식품은 고분자 상태의 원재료보다 소화 및 흡수가 쉬워진다는 장점이 있다.

전통발효의 두 번째 특징은 볏짚과 숯을 이용한다는 것이다. 볏짚은 속이 비어 있고 그 안은 따뜻하여 많은 미생물이 자랄 수 있는 환경을 만들기 때문에 발효 미생물의 원천으로 작용한다. 된장을 만드는 첫 단계는 콩을 쑤어 메주를 만든 후 볏짚을 꼬아 만든 새끼줄에 묶어서 바람이 잘 통하는 음지에 매달아 두는 것이다. 산소에 노출된 환경이므로 콩이 완전분해될 법도 하지만 바람은 메주콩을 적당히 건조시켜 미생물이 과도하게 자라는 것을 막아 준다. 새끼줄에 있던 누룩곰팡이와 고초균 같은 균들이 메주로 옮겨 자라면서 콩의 단백질을 분해한다. 홍어를 삭힐 때도 홍어와 볏짚을 번갈아 넣어 주어 볏짚의 미생물을 발효에 이용한다. 숯은 천연의 방부제로 작용하여 유익한 균이 살게 하는 역할을 하는데, 부정한 것을 불로 정화한다는 주술적인 의미를 띠기도 한다. 이러한 이유로 소금물에 메주를 넣고 된장을 담글 때 메주를 물에 잠기게 눌러 주고 숯을 둥둥 띄우는 것이다. 된장 항아리를 쓰기 전에 소독하기 위해 항아리 안에 짚을 넣어 태우기도 한다.

남산한옥마을의 장독대

마지막 특징은 옹기에서 발효가 일어나게 한다는 것이다. 진흙으로 빚어 가마에서 구워 만든 옹기는 질그릇과 오지그릇으로 나뉜다. 질그릇은 잿물을 쓰지 않아 윤기가 나지 않고 투박한 느낌이 있으며, 오지그릇은 잿물을 발라서 가마에 굽기 때문에 윤이 나고 단단한 느낌을 준다. 옹기는 흙으로 만들기 때문에 내부에 미세한 공기구멍이 있어 숨을 쉰다는 표현을 쓰기도 한다. 쌀과 같은 곡물을 저장할 때 옹기를 쓰면 안에 습기가 차지 않아 오랫동안 보관해도 맛이 변하지 않는데 반해, 플라스틱이나 유리에 보관하면 맛이 쉽게 변한다. 오지그릇은 표면에 유약을 발라 방수성과 공기 흐름 차단성이 질그릇보다 더 좋아서 '장독'으로 불리며 한식 발효에 많이 사용된다. 한옥에서는 마당 한쪽에 장독대를 두고 발효음식을 보관한다. 늦가을이나 초겨울에 김장김치를 담그면 장독을 땅에 묻기도 하는데, 땅에 묻으면 겨울에는 얼지 않고 여름에는 서늘함을 유지하여 발효와 숙성이 안정적으로 일어나도록 하면서 공기와의 접촉을 최소화하는 추가적인 장점이 있다.

발효식품과 건강

발효에는 한식에서 많이 사용되는 염장 발효 외에도 우유 발효와 전분 발효 등이 있다. 한반도에서 살아온 우리 선조들은 김치의 재료가 되는 채소, 된장과 간장의 재료인 콩, 고추장의 고추, 젓갈의 재료가 되는 각종 해산물을 소금에 절여서 보관하는 방법을 택했고, 이러한 보관 과정은 미생물의 성장을 완벽하게 막지 못했기 때문에 자연스레 미생물에 의한 발효가 동반되었다고 할 수 있다. 우유 발효의 경우, 우유로부터 버터, 치즈, 요구르트 등을 만들어 낸다. 전분 발효의 경우, 곡물의 전분(녹말)을 당화 및 발효시켜 빵, 술, 식초를 생산한다. 이 밖에도 다양한 발효식품이 있는데, 심지어 우리가 흔히 접하는 초콜릿도 발효음식이라 할 수 있다. 카카오나무의 열매는 럭비공처럼 생긴 타원형으로, 이것을 쪼개면 20~50개의 카카오 콩을 얻을 수 있다. 이 카카오 콩을 열흘간 발효시키면 초콜릿 특유의 향이 난다. 발효된 카카오 콩은 로스팅, 분쇄, 반죽 등의 과정을 거쳐 초콜릿으로 만들어진다. 현재도 다양한 식품을 대상으로 발효가 시도되고 있는데, 커피를 발효하여 쓴맛을 줄이고 크림과 같은 부드러운 질감을 가지게 하기도 한다.

한식문화를 서양의 식문화와 비교하면 확연한 차이가 있다. 한국인들은 밥을 주식으로 하면서 각종 젓갈류 및 염장 발효된 반찬을 먹고 술로는 막걸리나 청주를 마신다. 반면 서양인들은 육류 및 빵을 주식으로 하면서 치즈, 버터 등의 우유 발효식품을 먹고 술로는 맥주나 포도주를 마신다. 동서양의 식문화가 많은 차이를 보임에도 불구하고 발효에 의한 먹거리가 식단 대부분을 차지할 만큼 발효는 인간의 식생활에 필수적인 요소임을 알 수 있다.

발효가 진행되면서 원재료의 부분분해가 일어난다. 그 이유는 앞에서도 설명했듯이 발효는 극한환경에서 일어나므로 미생물 성장이 제한되어 원재료의 완전분해가 불가능하기 때문이다. 부분분해가 일어나면 원재료보다 소화와 흡수가 쉬워진다. 또한 미생물의 성장으로 새로운 대사산물이 만들어지면서 영양분이 풍부해진다. 때에 따라서는 새로운 대사산물에 의해 독특한 향기가 발생하기도 한다. 원재료의 단백질이 분해되면 아미노산이 분리되어 나오는데, 이러한 것들이 발효식품에 특이적인 감칠맛을 더해 준다. 우리가 음식의 맛을 더하기 위해 사용하는 인공감미료에는 아미노산의 하나인 글루탐산(MSG는 monosodium glutamate의 줄인 말이다)이 들어 있다. 단백질은 아미노산의 중합체이기 때문에 된장이나 젓갈을 만들 때 단백질이 글루탐산을 포함한 여러 아미노산으로 분해되어 독특한 감칠맛을 내게 된다.

발효식품의 하나인 간장은 예로부터 약으로 쓰기도 했다. 노약자나 환자의 원기(元氣)를 회복시키기 위해 간장을 묽게 타서 마시게 하면 간장에 함유된 여러 광물질과 영양물질이 작용하게 된다. 이러한 관점에서 보면 환자를 위해 죽이나 미음을 쑬 때 소금으로 간을 하는 것보다 간장으로 간을 하는 것이 환자의 건강 회복에 더 유리할 것이다. 이것은 우리가 과학적인 분석을 통해 오늘날에 알아낸 사실이지만 우리 선조들은 경험으로 이를 인지하고 발효를 적극적으로 활용하는 한식

이소플라본

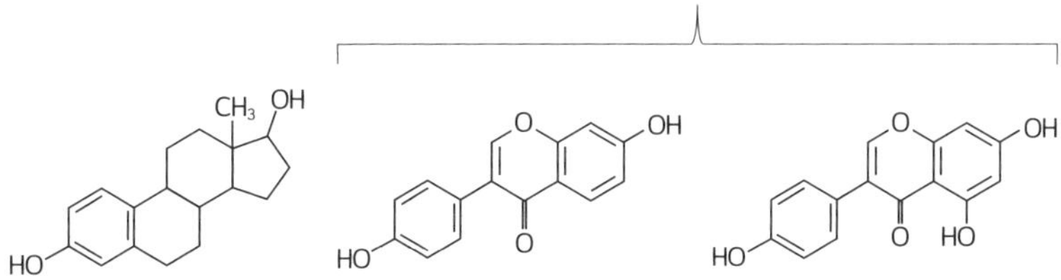

에스트로겐 (ESTROGEN) **제니스타인 (GENISTEIN)** **다이제인 (DAIDZEIN)**

이소플라본과 에스트로겐

문화를 만들어 내었다. 간장은 해가 갈수록 그 색깔이 진해진다. 그해에 담근 햇간장은 색이 연해서 국에 간을 맞추기에 적당하며 오래된 진간장은 색이 진해 찌개나 조림의 간을 맞출 때 사용한다. 간장의 맛은 어떤 미생물이 자라느냐에 따라 바뀔 수 있다. 국내의 한 종갓집은 350년 된 씨간장을 아직도 보관하고 있다고 하는데, 이 씨간장에는 간장의 맛을 내는 독특한 미생물 군집이 있을 것이고 이것이 300년 이상 보존되어 그 집안 특유의 장맛을 유지해 온 것이다.

메주를 소금물에 넣어 발효가 어느 정도 진행되면 메주콩이 가라앉는다. 이때 윗부분의 액체를 거두어 항아리에 담고 숙성(발효)시키면 간장이 되고 가라앉은 부분을 모아 숙성시키면 된장이 된다. 된장에는 에스트로겐과 유사한 화학적 구성을 가진 이소플라본이 다량 함유되어 있다. 이소플라본은 미생물 대사에 의해 생긴 것이 아니고 원래 콩이 여물 때 만들어지는 것이며 특히 대두에 많다고 한다. 이소플라본의 화학 구조는 여성호르몬인 에스트로겐과 유사하고 에스트로겐 수용체에 결합할 수 있다. 이소플라본은 이러한 특성으로 인해 식물성 에스트로겐이라 불리기도 하는데, 여성호르몬을 대체하여 호르몬 부족으로 나타나는 각종 갱년기 증상의 완화에 쓰일 수 있다.

고추장을 만들기 위해서 메줏가루와 고춧가루 및 각종 부재료를 섞어 주는데, 이때 빠질 수 없는 것이 찹쌀이나 밀가루로 만든 풀이다. 이것은 발효가 시작되는 초기에 미생물의 먹이가 되어 이들이 잘 번식하도록 하며 이러한 과정을 시동배양(始動培養)이라 부른다. 숫자가 증가한 미생물들은 이후 고추장의 발효를 주도한다. 고추장의 부재료에는 쌀과 엿기름을 고아 만든 조청도 포함되기 때문에 매우면서 달짝지근한 맛을 내게 한다. 간을 할 때는 소금과 간장을 쓰는데, 간장의 구수한 맛과 소금의 짠맛이 어우러져 고추장의 독특한 풍미를 만들어 낸다. 임상시험 결과 고추장을 섭취하면 복부의 내장지방과 피하지방이 감소하고 혈중 중성지방이 감소하여 성인병 예방에 좋다고 한다.

김치의 역사

전 세계의 음식문화를 관찰해 보면 발효를 통해 채소를 보관하는 다양한 방법들이 있다. 그러나 김치만큼 성분이 다양하고 맛과 영양이 풍부한 음식은 드물다. 그래서 김치는 발효음식의 최고봉이라는 찬사를 받고 있다. 김치와 관련된 최초의 기록은 고려 시대 이규보의『동국이상국집』에서 찾을 수 있다. 겨울을 나기 위해 지염한 채소를 먹었다는 구절이 나온다. 여기서 지염(漬鹽)은 소금에 절인다는 뜻이다. 김치에 대한 좀 더 직접적인 언급은 조선 시대 교육서인『훈몽자회』에서 찾을 수 있는데, 채소를 절인다는 의미가 있는 '딤채'라는 용어가 사용되었다. '딤

채'가 '김채'로 변하고 이것이 다시 '김치'로 바뀌었을 것으로 추정된다.

초기의 김치는 현대의 김치와는 많이 다른 모습이었다. 포기 배추보다는 성긴 이파리를 가진 초기 형태의 배추를 썼으며, 고추는 조선 중기 이후에 전래되었기 때문에 그 이전에는 소금에 절인 채소를 간단한 양념과 섞어 보관했을 것으로 생각된다. 충남 예산의 한 마을에 김치의 초기 형태가 남아 있는데, 토종 배추는 줄기가 길고 잎이 좁은 형태였다. 배추를 소금으로 절이는 것은 현재와 같지만 사용되는 양념은 생강과 마늘뿐이고, 항아리에 담그는 것은 같지만 깨진 항아리를 사용하며, 항아리 바닥에 대나무를 깔아 그 위에 양념한 배추를 얹는다. 발효가 진행되는 동안 깨진 틈 사이로 물이 빠지게 하여 김치가 무르지 않게 하였다. 이러한 방법으로 담근 김치는 삭으면 홍어회 비슷한 맛이 난다. 그냥 먹기보다는 뚝배기에 담아 쌀뜨물을 부어 찌개처럼 끓여 먹는다.

300여 년 전에 고추가 전래되고 100여 년 전부터 현재의 포기 배추가 사용되기 시작하면서 현대적인 형태의 김치가 만들어졌다. 김치는 그 종류가 180여 가지가 될 정도로 다양한데, 지역마다 대표적인 김치가 조금씩 달랐다. 이북의 백김치, 충청도의 열무김치, 강원도의 해물김치, 제주도의 나박김치 이외에도 물김치, 갓김치 등의 다양한 계절 김치들이 있다. 그러나 김치의 백미는 뭐니 뭐니 해도 늦가을에 담그는 김장김치라 할 수 있다. 한겨울을 나기 위해 담그는 김장김치는 대량으로 준비하고 풍부한 부재료를 쓰며 그만큼 정성을 많이 들인다.

김치는 지역에 따라 고춧가루와 소금의 양, 젓갈의 종류 등에서 차이가 났다. 대체로 북쪽 지방은 싱겁게 담그는 경향이 있었는데 겨울이 춥고 길어서 굳이 소금을 많이 넣지 않아도 보관에 어려움이 없었기 때문이다. 반면에 영남 지역은 겨울이 짧고 기온이 상대적으로 높아 김치를 짜게 담그는 경향이 있었으며 호남 지역은 비교적 맵게 담갔다. 젓갈의 경우, 북쪽은 새우젓이나 조기젓, 남쪽은 멸치젓이나 갈치젓을 많이 썼다. 온도가 높으면 부패균이 자랄 가능성이 커지므로 여름에는 겨울보다 김치를 짜게 담그는 경향이 있다.

근대에 들어 6·25 전쟁의 영향, 교통 발달 및 매스컴의 영향으로 김치의 조리법이 일반화되고 지역적 특색이 옅어졌다. 김치는 1988년 서울올림픽을 개최하면서 전 세계에 알려졌고 이후 더욱 널리 알려지면서 2001년 국제식품위원회에서 국제 식품으로 공인되기에 이르렀다.

김치의 영양학

김치가 좋은 이유는 식물성 성분(배추)과 동물성 성분(젓갈)이 같이 들어 있어 영양 면에서 우수하고 맛도 좋으며, 발효 과정에서 자라난 유산균을 비롯한 미생물들이 살아 있는 음식이기 때문이다. 유산균과 각종 항산화 물질이 함유되어 있고 섬유질 함량이 높아 건강한 장내 미생물의 성장을 일으키는 건강식으로도 인정받고 있다. 김치는 미각적인 면뿐만 아니라 촉각 및 시각적인 면에서도 훌륭하여 발효 명품이라는 찬사를 받는다.

김치에 들어가는 고추는 사과의 50배, 밀감의 2배에 달하는 비타민 C를 함유하고 있으며 비타민 C의 산화를 방지하는 비타민 E도 함유하고 있다. 고추의 매운맛을 내는 캡사이신은 젓갈의 지방이 산패하여 비린내가 나는 것을 방지한다. 또한 캡사이신은 신진대사를 촉진하고 발열을 유발한다. 캡사이신의 에너지대사 증진 효과 중에는 백색지방을 갈색지방으로 전환하여 비만을 억제하는 효과가 있다. 우리가 소모하고 남은 열량은 백색지방 조직에 저장되는데, 백색지방 조직의 증가는 비만의 주요 원인이다. 이와는 반대로 갈색지방 조직은 지방을 연소시켜 열과 에너지를 내기 때문에 백색지방과는 반대의 역할을 하여 몸에 지방이 축적되는 것을 방지한다. 김치의 고추와 마늘은 유산균의 번식을 도와 건강한 장내 미생물상(microbiome)을 유지하도록 한다. 이뿐만 아니라 배추의 식물성 섬유는 위에서 분해되지 않고 장으로 전달되어 장의 연동운동을 촉진함으로써 장을 건강하게 한다.

김치는 어떤 과정을 통해 만들어지는가? 김장김치를 만드는 과정은 다음과 같다. 우선 가을에 거두어들인 포기 배추를 2등분 혹은 4등분 되도록 밑동에 칼집을 낸다. 다음은 배추를 소금물에 담가 12시간가량 절인 후 살짝 씻어 쌓아 두면서 물기를 뺀다. 다음은 무와 갓 등의 채소, 고춧가루와 마늘, 생강 등의 양념, 새우젓 등의 젓갈을 섞어 김칫소를 만든다. 이때 김칫소에는 찹쌀가루나 밀가루로 풀을 쑤어 넣어 주는데, 풀 속에 있는 전분이 미생물의 먹이가 되어 시동배양이 일어나게 하기 위해서다. 옹기 항아리에 양념을 버무린 배추를 켜켜이 쌓아 넣고 그 위를 배추 겉잎(우거지)으로 덮어 산소 침투를 막은 다음 옹기를 땅에 묻어 보관하면서 발효가 일어나게 한다. 김치를 넣은 항아리를 땅에 묻으면 산소와의 접촉이 최소화될 뿐만 아니라 1년 내내 땅속 온도가 영하 2도에서 영상 7도로 유지되기 때문에 겨울에는 김치가 얼지 않고 여름에는 시어지지 않는다. 익은 김치를 먹을 때 덜어 내고 남은 김치를 눌러 국물에 잠기도록 하는 것도 산소에의 노출을 최소화하기 위해서다. 요즈음은 아예 플라스틱이나 비닐봉지에 담아 숙성시키기도 하고 적정 온도를 유지하기 위해 김치냉장고를 쓰기도 한다.

김치에서 자라는 미생물에는 200여 종의 박테리아와 다양한 효모가 포함되는데, 초기에는 김칫소에 들어간 전분을 영양소로 삼아 자라기 시작한다. 발효 초기에는 호기성·혐기성 세균들이 모두 자라지만 시간이 지나면서 유산균(乳酸菌, 젖산균이라고 부르기도 한다)이 젖산을 만들면서 산성화가 일어난다. 높은 염도와 산소 부족, 산성의 환경에서는 유산균과 고초균, 효모를 비롯한 일부 미생물만이 생존할 수 있다. 미생물들이 생산하는 여러 종류의 향미 성분은 김치의 독특한 맛을 만들어 내고 숙성 기간에 따라 그 성분이 바뀌기 때문에 김치 맛이 달라진다.

유산균이 건강에 좋은 이유는 무엇인가? 유산균이 건강에 유익하다는 사실은 불가리아의 장수 마을 사람들을 연구한 러시아의 메치니코프 박사에 의해 알려졌다. 그는 장수의 비결로 유산균이 많이 함유된 요거트와 같은 발효음식을 많이 섭취하는 식습관을 지목하고, 유산균이 건강에 기여함을 밝혀 1908년 노벨상을 받았다. 유산균은 장내에서 자라면서 장을 산성화시켜 건강에 유익한 균들의 성장을 돕고 장 주변에 분포한 면역세포들을 개선하며 아토피와 같은 면역질환 치료에 도움을 주는 것으로 알려져 있다.

배추를 절이는 데는 간수를 뺀 천일염을 사용한다. 천일염(天日鹽)이란 바닷물을 햇볕과 바람에 증발시켜 만들어 내는 소금으로, 한반도에서는 서해에서 많이 만들어진다. 우리나라의 천일염에는 염화마그네슘을 주성분으로 하는 간수가 많이 함유되어 있는데, 이것이 많으면 소금에서 쓴맛이 나면서 음식의 맛을 떨어뜨린다. 간수를 제거하기 위해 천일염이 든 자루를 벽돌 위에 얹어 1년가량 묵히면 간수가 액체 상태로 빠져나온다. 이렇게 제거된 간수는 쓸모없는 것이 아니다. 예로부터 두부를 만들 때 응고제로 쓰이기도 하고 요즈음은 무기 및 각종 약품 제조에 필요한 자원으로 활용된다. 우리나라의 천일염은 마그네슘 함량이 세계적으로 높은 편인데, 그 이유는 서해로 흘러 들어오는 중국의 황하 유역이 전 세계 마그네슘 매장량의 60%를 보유하고 있기 때문이다.

소금은 고염도의 극한환경을 조성하여 부패 미생물의 성장을 억제할 뿐만 아니라 추가적으로 다양한 기능을 수행한다. 소금물에 배추를 절이면 배추에 묻은 토양 세균이 살균되거나 활동력이 억제된다. 삼투압을 이용하여 배추에 침투한 소금은 채소의 풋내를 없애고 채소 조직의 펙틴(pectin) 성분을 단단하게 하여 아작아작한 씹는 맛을 내도록 한다. 씹기에 알맞게 수분을 제거하기도 하고 조직을 무르게 하는 연화 효소의 작용을 억제하는 등 다양한 역할을 한다. 이 때문에 발효에 적합한 소금을 잘 고르는 것은 발효음식의 맛을 살리는 데 중요한 요소 중 하나이다.

알코올, 초산 및 젖산발효

발효는 김치 등의 반찬류, 된장과 간장, 고추장 등의 양념류뿐만 아니라 술과 빵(알코올발효), 요거트(젖산발효), 식초(초산발효) 등을 만들 때도 사용된다. 알코올발효, 젖산발효, 초산발효의 차이점을 포도당(글루코스 glucose)의 분해에서부터 비교해 보자. 포도당이 분해되어 피루브산으로 바뀌려면 여러 단계의 생화학적 과정을 거치는데, 이를 해당(解糖) 과정이라 하고 이때 소량의 ATP(adenosine triphosphate, 아데노신 3인산)가 만들어진다. 산소가 있는 경우 피루브산은 미토콘드리아로 운반되어 에너지 생산에 사용된다. 그러나 산소가 공급되지 않는 상태에서는 젖산발효나 알코올발효가 일어난다.

산소 유무에 따른 에너지 생산 방식의 변환을 잘 보여 주는 것이 우리 근육이다. 근육에서는 산소 유무에 따라 피루브산의 처리 방식이 달라진다. 산소가 있는 상태라면 피루브산은 미토콘드리아로 운반되어 일련의 과정을 거치면서 피루브산의 탄소가 산화되어 이산화탄소의 형태로 변환된다. 피루브산의 산화와 연계하여 다량의 ATP가 생산되는데 이때 산소가 쓰인다. 이러한 방식의 에너지 생산이 산소호흡이다. 만약 격렬한 운동을 하거나 심하지 않은 운동이라도 계속하게 되면 근육에서 필요한 만큼의 산소를 공급하는 것이 어려워지게 된다. 산소가 부족해지면 근육은 산소호흡을 멈추고 ATP는 해당 과정에 의해서만 생산된다. 미토콘드리아로 가지 못하게 된 피루브산은 젖산으로 변환되어 근육에 쌓이게 된다. 근육세포에 젖산이 쌓이면 삼투압이 증가하여 근육세포 안으로 물이 들어오면서 팽창하게 된다. 우리가 격렬한 운동을 하고 난 뒤 일정 시간이 지나면 근육통을 앓게 되는데, 그 이유는 젖산의 축적으로 팽창된 근육세포가 주변의 신경을 자극하기 때문이다.

우리는 건강 달리기(조깅), 에어로빅, 줄넘기와 같은 유산소 운동에 대해 이야기하는 경우가 많다. 이때 유산소 운동이 의미하는 것은 근육에서 산소가 부족하지 않을 정도의 강도로 운동을 지속하여 젖산 축적은 막으면서 산소호흡으로 에너지를 생산하는 운동이다. 즉 근육에

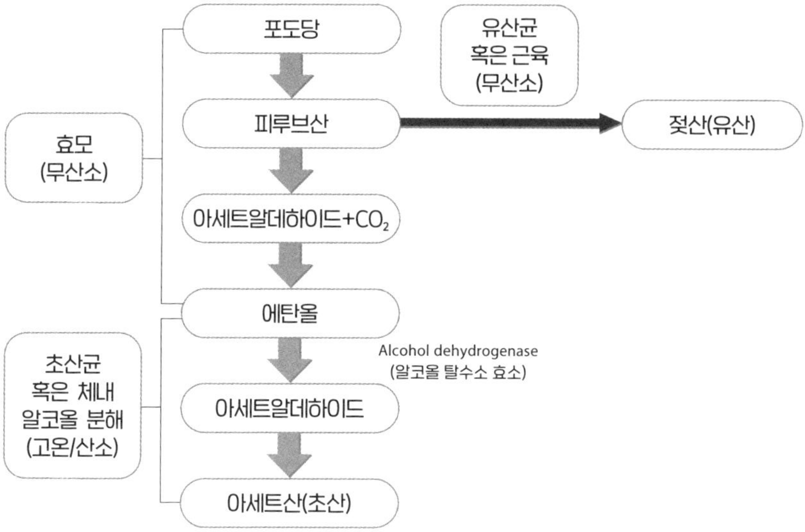

알코올발효와 젖산발효, 초산발효 비교

무리를 주지 않으면서 몸 안의 산소를 최대한 활용하여 에너지를 만들어 내고 이를 통해 심장과 폐의 기능을 향상시키고 혈관조직을 강화하는 운동인 것이다.

근육에 산소가 부족할 때 발생하는 젖산의 축적은 유산균과 같은 미생물에 의해서도 일어난다. 유산균은 해당 과정에 의해 생산된 피루브산을 젖산으로 변환하는 미생물이다.(물론 무산소 상태에서 일어난다) 흔히 유산균은 요거트에 많이 있다고 알고 있지만, 우리의 전통식품 중에 김치와 막걸리 같은 발효음식에도 많은 유산균들이 자란다.

알코올발효를 일으키는 효모는 해당 과정을 일으킨 후 무산소 상태에서 피루브산을 아세트알데하이드를 거쳐 에탄올로 변환시키는 미생물이다. 효모에 의한 알코올발효는 빵이나 술을 만들 때 사용된다. 밀가루를 반죽하여 2~3시간 숙성시키면 반죽이 부풀어 오르는데, 그 이유는 알코올발효가 일어나는 동안 생산되는 기체 상태의 이산화탄소가 빵 반죽 안에 잡혀서 빠져나가지 못하기 때문이다.

우리의 전통주인 막걸리(탁주)와 동동주는 쌀을 쪄서 익힌 후 누룩을 넣어 발효시켜 만든다. 누룩은 밀을 굵게 갈아 볏짚과 반죽하여 띄운 것으로, 술을 만들 때 사용하는 발효제이다. 누룩에는 누룩곰팡이(Aspergilus속), 효모, 고초균 및 유산균 등이 자란다. 곰팡이는 소화효소를 분비하여 주변의 고분자 유기물을 분해하고 흡수하여 자란다. 누룩에서 자라나는 누룩곰팡이는 황국균(*Aspergillus oryzae*)이라고도 불리며, 전분 분해효소(아밀라아제)와 단백질 분해효소 등을 분비한다. 찐 쌀과 누룩을 섞으면 누룩에 존재하는 각종 분해효소에 의해 쌀의 전분이 포도당으로 분해되는데, 이를 당화(糖化)라 한다. 누룩의 효모균(*Saccharomyces cerevisiae*)은 당화에 의해 만들어진 포도당을 이용하여 알코올발효를 일으켜 술을 만들어 낸다. 누룩을 넣어 빚은 막걸리에는 효모 이외에 유산균도 자라기 때문에 막걸리에는 유산균이 다량 함유되어 있다. 막걸리 특유의 맛을 내는 데 있어 유산균이 기여하는 바도 크다.

막걸리를 그냥 두면 덩어리가 가라앉으면서 윗부분이 맑아지는데, 이를 다른 용기에 부어서 청주를 만들 수도 있다. 일본 청주라고도 불리는 사케는 제작 과정이 청주와 같으나 저장 방법에서 차이가 난다. 청주는 항아리에 저장하여 냄새가 적고 단맛이 나는 데 비하여 사케는 삼나무 통에 넣고 숙성시키기 때문에 삼나무의 향과 맛이 배어들어 나름의 풍미가 있다.

막걸리 제조 방법은 유럽에서 만들어지는 맥주와 대비된다. 맥주의 원료는 보리와 홉인데, 누룩을 넣어 한 번에 만들어지는 막걸리와 달리 맥주는 두 단계로 나뉘어 만들어진다. 첫 번째 단계에는 맥아(麥芽, 엿기름)라 불리는 보리의 싹이 필요하다. 보리에 물을 뿌려 두고 하루쯤 지나면 싹이 돋아난다. 싹에 영양분을 공급하려면 보리의 전분이 분해되어 당화되어야 하는데, 이를 위해 다량의 전분 분해효소(아밀라아제)가 보리 안에서 자체적으로 만들어진다. 보리와 홉 그리고 맥아를 섞어 두면 맥아의 전분 분해효소가 보리의 전분을 분해하여 당화가 일어난다. 홉은 다년생 덩굴식물로서, 여기서 나는 열매를 이용하여야만 맥주 특유의 향기와 쓴맛이 나게 된다. 당화가 일어나면 두 번째 단계로 효모를 넣어 주고 무산소 상태에서 저온을 유지하면서 알코올발효가 일어나게 한다. 맥주가 두 단계를 거쳐 제조되는 데 비해 포도주는 에탄올발효만 거치면 된다. 그 이유는 포도 알맹이에는 이미 포도당이 존재하고 있어 당화 과정이 필요 없기 때문이다. 포도주 제조에는 효모를 따로 넣어 줄 필요가 없는데, 포도 겉에 묻어 있는 얇은 흰 막에 이미 효모가 붙어 있기 때문이다.

맥주는 크게 라거와 에일로 나눌 수 있다. 라거 맥주는 체코의 필스너가 대표적인데, 효모가 배양기에서 가라앉는 하면(下面) 발효 방식을 사용하며, 섭씨 9~15도의 낮은 온도에서 발효가 일어난다. 알코올 도수가 비교적 낮고 색깔이 맑은 호박색인 라거 맥주는 마실 때 청량감이 느껴지고 깔끔한 편이다. 국내의 대형 맥주 제조사들도 라거 방식을 택하고 있는데, 그 이유는 라거 방식이 대규모 생산에 적합하기 때문이다. 반면에 소규모 생산에 적합한 에일 맥주는 상면(上面) 발효 방식으로 제조되며, 섭씨 16~24도의 비교적 높은 온도에서 발효가 일어난다. 라거 맥주보다 알코올 도수가 높은 편이며, 색이 진하고 향이 짙은 기네스나 호가든 등이 대표적인 에일 맥주이다.

맥주, 막걸리, 포도주 등의 전통주는 오랫동안 보관하기가 어렵다. 잘못 보관하거나 오래 두면 초산균이 자라면서 맛이 변하게 된다. 이를 막기 위해서 개발된 것이 증류주이다. 증류주는 오래 두어도 상하지 않기 때문에 저장에 용이하다. 한국인들이 자주 마시는 소주는 청주를 증류한 것이다. 소주는 원료에 따라 나누어지는데, 안동소주는 쌀로 빚은 소주이며 일반적인 소주는 고구마와 당밀을 사용한다. '빼갈'이라고도 불리는 중국 전통주인 고량주는 수수로 빚은 술을 증류한 것이다. 또 맥주를 증류하여 참나무통에 넣고 숙성시킨 증류주를 위스키라 하는데, 스코틀랜드 지방에서 만든 위스키를 '스카치위스키'라 부른다. 진과 보드카 등은 증류하여 숙성을 거치지 않고 만들어진다. 포도주를 비롯한 과일주를 증류하여 숙성한 것을 브랜디라 하는데, 가장 유명한 것이 프랑스 꼬냑 지방에서 만들어지는 '꼬냑'이다. (유명해지다 보니 브랜디를 만드는 지방의 이름이 술 이름으로 사용된 경우이다)

술을 마시면 에탄올이 몸 안에서 분해된다. 우선, 에탄올은 간에서 알코올 분해효소(알코올탈수소효소)에 의해 아세트알데하이드로 변환된 후 초산과 같은 다른 대사산물로 변환되어 분해된다. 백인은 알코올 탈수소효소가 많으나 아시아인에게는 상대적으로 적고, 남성보다 여성에서 그 양이 더 적은 것으로 알려져 있다.

술을 고온에서 유산소 상태로 두면 초산균이 자라면서 에탄올을 아세트알데하이드를 거쳐 초산(아세트산)으로 변환시킨다. 레스토랑에서 빵과 함께 흔히 제공되는 발사믹 식초는 붉은 포도주를 식초로 만든 것이다. 자연발효된 식초에는 초산, 구연산, 아미노산, 호박산 등 60여 종의 유기산이 포함되어 있어 식초를 섭취하면 다양한 효능을 얻을 수 있다. 식초는 우선 비타민과 무기질 등 영양소의 체내 흡수를 도와주며, 식욕 증진, 비만 억제 및 콜레스테롤 저하 기능이 있다. 또한 산소와 헤모글로빈의 친화력을 높여 머리를 맑게 해 주고 기억력을 증진하며, 체내 칼슘 흡착력을 높여 뼈를 튼튼하게 하는 기능이 있다.

젓갈

젓갈은 어패류의 살·알·창자 등을 소금에 절여 발효시킨 식품의 총칭이다. 삼면이 바다로 둘러싸인 우리나라는 예로부터 어패류가 풍부하였고, 특히 연해에는 한류와 난류가 교차하여 어종이 다양했다. 농경사회 이전에는 바다에서 얻은 해산물도 주요한 먹거리였기 때문에 조개류나 물고기가 기본 식량의 구실을 하였을 것이다. 어패류를 많이 잡아 한 번에 모두 먹을 수 없을 때에는 부패를 방지하기 위해 소금에 절여 저장하는 방법이 일찍부터 발달하였고, 이것이 전해져 지금의 젓갈로 발전하였다.

현재의 젓갈은 반찬과 김장용으로 주로 담그며, 술안주·찌개로도 쓰이고 있다. 지역에 따라서는 간장 대용으로 이용되기도 한다. 한식에서 볼 수 있는 젓갈은 140여 종으로 아주 다양하다. 재료별로 보면 생선으로 담근 것이 80여 종으로 가장 많고, 생선의 내장이나 생식소로 담근 것이 50여 종 있으며, 그 밖에 게나 새우 등 갑각류로 담근 것, 낙지·문어·오징어 등의 두족류로 담근 것 등이 있다. 재료를 소금에 절여 발효를 시작하면 생선 내장 자체의 각종 분해효소와 소화효소에 의해 재료의 유기물이 부분분해되고 미생물이 제한적으로 자라나면서 감칠맛과 젓갈 특유의 풍미가 더해진다.

밥반찬으로는 주로 오징어젓, 명란젓, 창난젓, 조개젓, 어리굴젓 등을 먹는다. 서해안에서는 새우젓을, 동해안에서는 명태 알로 만든 명란젓과 명태 창자로 만든 창난젓을 많이 담근다. 대구모젓은 대구의 아가미로 담근 젓갈인데, 얇게 썬 무를 넣고 무쳐서 반찬으로 먹는다. 철에 따라 잡히는 어패류가 다양한 전라도에서는 게, 전어, 낙지, 갈치, 소라, 병어, 볼락, 토하, 돔배, 꼴뚜기 등으로 젓갈을 담근다. 지역별로 보면 추운 북쪽으로 갈수록 간을 싱겁게 하고, 따뜻한 남쪽 지역은 미생물이 너무 많이 자라는 것을 막기 위해 간을 짜게 하는 경향이 있다.

이전에는 밥반찬으로 주로 이용하던 젓갈이 조선 중기 고추의 전래와 함께 그 용도가 다양해졌다. 고추가 젓갈의 비린내를 잡아 준다는 것을 알게 되면서 김칫소를 만들 때 젓갈을 고춧가루와 함께 넣게 되었다. 또한 젓갈은 김치에 감칠맛을 더해 주는 동시에 저장성을 높여 주었기에 소금 대신 젓갈의 사용이 늘어났다. 고추가 비린내를 잡아 주어 양념용으로 젓갈을 사용할 수 있게 되었으며 젓갈을 이용한 찌개도 늘어났다.

젓갈에는 크게 어패류에 소금을 넣어 숙성 및 발효시킨 젓갈과, 발효된 젓갈을 갈아서 액체만 걸러 낸 액젓이 있다. 또한 소금과 함께 밥이나 전분을 섞어 발효시킨 식해(食醢)도 있는데, 유산균이 자라면서 재료 중의 전분을 발효시켜 생선의 삭은 맛과 독특한 신맛을 자랑한다.

식해와 혼동할 수 있는 식혜는 전혀 다른 방법으로 제조된다. 고두

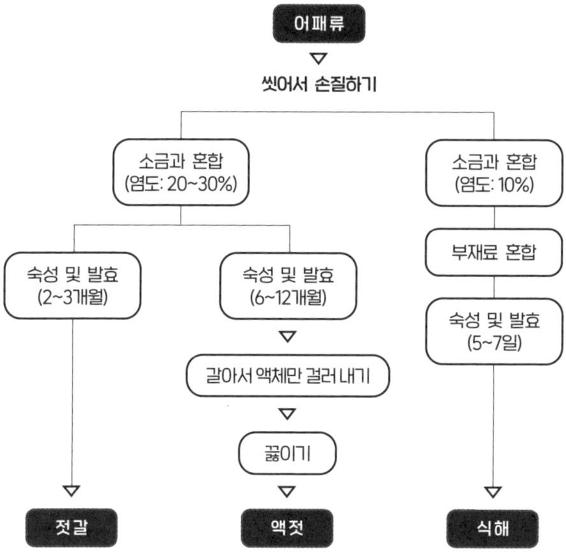

젓갈 담그는 과정

밥(되게 지어 고들고들한 밥)을 엿기름물(엿기름 가루를 우려낸 물)과 섞어 아랫목이나 따뜻한 곳에 다섯 시간 정도 두면 엿기름물의 전분 분해효소가 작용하여 고두밥의 전분이 분해되면서 밥알의 형태만 남게 된다. 이를 끓이고 설탕을 첨가하면 식혜가 되는 것이다.

홍어와 발효

염장하지 않고 생선을 삭히면 상하는 경우가 대부분인데, 홍어는 삭혀 먹어도 배탈이 나지 않는다. 그럴 뿐만 아니라 홍어 특유의 쿰쿰한 냄새는 처음 먹는 사람에게는 견디기 어려운 것일 수 있으나 한번 익숙해지면 자꾸만 찾게 되는 맛으로 유명하다. 삭힌 홍어는 자연스럽게 만들어졌을 것으로 생각된다. 갓 잡은 생선을 냉장할 수 없었던 시절에는 바다로 나가 홍어를 잡아서 배에 싣고 항구나 수산시장으로 올 때쯤이면 이미 삭힌 상태가 되었을 것이다. 냄새는 고약할지라도 먹어서 배탈이 나지는 않으니 자꾸 먹게 되었고 자연스레 그 맛에 중독되었을 것이다. 삭힌 홍어가 인기를 끌면서 홍어를 일부러 삭혀 먹게 되었는데, 옹기에 짚과 홍어를 번갈아 넣고 뚜껑을 덮은 다음 햇살 아래 일주일 정도 삭히면 된다. 이때 겉의 미끈미끈한 액체인 곱이 그대로 있어야 더 맛이 있다. 이것은 껍질에 많이 자라는 발광박테리아에 의해 생기는 것으로, 홍어의 독특한 맛을 내는 데 한몫한다. 홍어와 돼지고기, 신 김치를 쌓아서 한입에 먹으며 막걸리를 곁들이는 홍탁삼합(洪濁三合)을 좋아하는 사람이 많다. 한방에서 보면 찬 성질의 홍어, 따뜻하고 기름진 돼지고기, 소화가 잘되는 묵은 김치, 뜨거운 성질의 막걸리는 서로 조화가 잘되는 음식이다.

홍어의 독특한 맛은 어디서 오는 것일까? 이를 이해하려면 연골어류에 관해 먼저 알아야 한다. 어류는 경골어류와 연골어류로 나눌 수 있다. 연골어류는 상어와 가오리같이 물렁뼈를 가지고 있는 어류이며, 대다수의 다른 물고기들은 경골어류에 속한다. 염분이 높은 바닷물에 사는 경골어류는 삼투압에 의해 피부와 아가미를 통해 몸속의 수분을 잃게 된다. 수분의 손실을 막기 위해 소량의 진한 소변을 누며, 먹이를 섭취하거나 아가미를 통해 호흡할 때 염분을 포함한 각종 이온을 적극적으로 받아들인다. 반대로 민물에 사는 경골어류는 피부와 아가미를 통해 수분이 몸속으로 과다하게 유입되기 때문에 묽은 소변을 다량으로 방출한다. 또한 아가미를 통해 염분이나 이온을 적극적으로 방출한다.

가오리의 일종인 홍어는 연골어류에 속하는데, 이들 연골어류는 삼투압을 견디는 방법이 경골어류와 전혀 다르다. 바닷물에 사는 연골어류는 내부의 요소 농도를 높임으로써 바닷물과 삼투압을 맞추어 수분의 손실을 방지하는 것이다. 홍어의 독특한 맛은 이 요소로 인해 생겨난다. 홍어를 잡아서 발효시킬 동안 요소가 암모니아로 바뀌면서 홍어 특유의 향과 맛을 만들어 내기 때문이다.

요소 + 물 → 암모니아 + 이산화탄소

$$CO(NH_2)_2 + H_2O \rightarrow 2NH_3 + CO_2$$

연골어류인 상어도 같은 이유로 삭혀서 먹기도 한다. 상어를 염장하여 보관하면 시간이 흐르며 자연스레 삭혀진다. 주로 경상도의 동해안 지역이나 이에 가까운 내륙시역에시는 삭힌 상어를 전으로 부쳐서 먹는데, 토막 고기를 뜻하는 '돔배기'라는 이름으로 불린다. 특별한 날이나 제삿날에는 돔배기 산적을 만든다.

미래 식량

세계의 인구를 분석한 자료에 따르면 1650년대의 전 세계 인구는 약 5억 5천 명이었다. 백 년 뒤인 1750년대에는 7억 3천 명, 1850년대에는 11억 7천 명, 1950년대에는 24억 9천 명이었으며, 2020년 현재는 77억 명이다. 이러한 기하급수적인 인구 증가 추세가 계속되면 2050년에는 90억 명, 2100년에는 109억 명에 달할 것으로 예측된다.

현재의 지구는 암모니아의 화학적 제조법 개발과 이를 통한 비료 개발, 다양한 농업 기술 및 농기계 개발에 따라 농산물 생산성이 획기적으로 향상되면서 먹거리가 넘쳐 나는 곳도 많지만, 여전히 기아로 허덕이는 곳도 있다. 폭발적으로 증가하는 인구를 부양할 미래 식량의 개발이 필수적이라 하겠다.

한편, 현재의 지구는 늘어난 인구와 육식으로 인한 환경 파괴로 몸살을 앓고 있다. 전 세계 경작지의 상당 부분이 가축을 먹이기 위한 사료용 작물 재배에 이용되고 있다. 가축을 방목하는 목초지를 조성하기 위해 나무를 베어 내기 때문에 산림이 황폐화된다. 여기에 가축 사료를 만드는 사료 공장과 축사를 짓기 위한 토지 사용 등이 더해진다. 소가 방출하는 메탄가스는 지구 온난화의 원인 중 하나이다. 가축들이 섭취한 먹이는 동물의 성장과 활동에 사용되고 일부만이 식용 가능한 고깃살로 변환되기 때문에 식용 고기의 생산은 상당히 비효율적이다. 분석에 따르면 10kg의 사료로 생산되는 고기의 양은 고작 1kg 정도라고 한다. 동물을 도살함으로써 발생하는 윤리적인 문제와, 동물성 기름이 비만 등 성인병의 원인이 된다는 이유가 더해져 채식주의자들의 숫자는 날로 증가하고 있다. 심지어 동물의 권리를 옹호하는 사람들이 축사와 도살 시설에 테러를 가하기도 한다.

이러한 문제점을 해결하려는 노력 중의 하나가 대안 고기(meat alternative)의 개발이다. 대안 고기는 곡물로 만든 고기이다. 콩, 쌀, 밀 등의 각종 곡물과 아몬드 등의 견과류, 해초류, 야자유와 같은 식물성 기름으로 고기를 만든다. 미국의 식품기업 '비욘드 미트(Beyond Meat)'는 미국 내 수천 개의 식당과 햄버거 가게에 대안 고기를 공급하여 채식

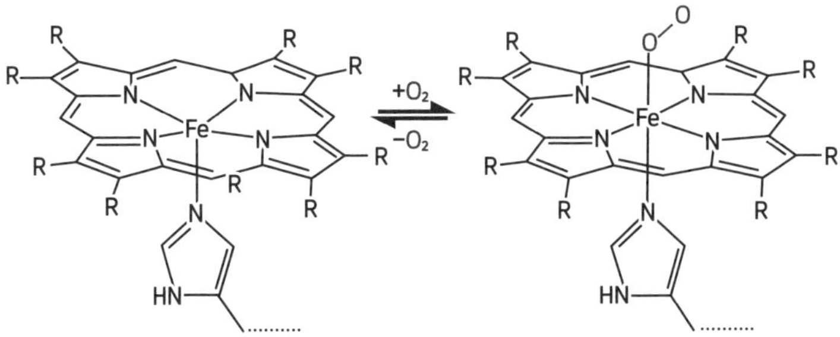

헴(heme) 구조

주의자를 비롯한 많은 사람들로부터 환영을 받고 있다. 특히, 미국의 식품벤처기업인 '임파서블 푸드(Impossible Foods)'가 만든 임파서블 버거는 고기 맛을 내기 위해 헴(heme) 단백질을 사용한다.

헴 단백질을 사용하는 이유는 다음과 같다. 임파서블 푸드의 연구진들은 소고기를 먹는 사람이 소고기의 맛을 느끼는 것은 핏속의 철분 때문이라는 가정에 주목했다. 적당히 익힌 스테이크를 칼로 썰면 피가 뚝뚝 떨어지는데, 핏속에 들어 있는 철분이 고기 맛의 비밀이라는 것이다. 식물성 재료로 만들어 낸 대안 고기가 진짜 소고기 같은 맛을 내기 위해서는 철분을 적당량 넣어 주어야 했다. 그러나 핏속의 철분은 혼자서 따로 존재하는 것이 아니다. 붉은색을 내는 적혈구는 산소를 운반하기 위해 헤모글로빈(hemoglobin)이라는 단백질을 많이 함유하고 있다. 헤모글로빈은 내부에 철 이온을 고정하는 헴(heme)이라는 화학 구조체를 가지고 있다. 적혈구가 산소를 운반할 수 있는 이유는 이 헴 구조체가 철분을 통해 산소를 잡아 주기 때문이다. 실제 헤모글로빈이라는 이름 자체가 '헴을 가진 둥근 단백질(hemo+globin)'이라는 뜻이다. 대안 고기가 실제 고기와 유사한 맛을 내게 하려면 철분을 그냥 넣어 주기보다는 헴 단백질에 실어서 넣어 주는 것이 원래의 고기 맛을 살리는 더 좋은 방법이 되는 것이다. 적혈구의 헤모글로빈뿐만 아니라 근육의 마이오글로빈(myoglobin), 대두 뿌리의 레그헤모글로빈(leghemoglobin)도 헴 단백질이다. 따라서 임파서블 버거에 사용되는 햄버거용 패티(patty)에는 식물성 헴 단백질을 적당량 넣어 주어 실제 고기와 유사한 맛이 나도록 한다.

대안 고기 개발은 소고기에 그치지 않고 식물 단백질로 만든 달걀 및 닭고기, 식물성 버터와 치즈 개발로까지 이어지고 있다. 심지어 콩과 해조류 혹은 토마토로 만든 참치, 가지로 만든 장어와 같이 바다 생선에까지 그 적용 범위가 넓어지고 있다. 바다 생선을 대안 고기로 대체하려는 움직임이 일어나는 이유는 사람들의 남획으로 말미암아 전 세계 대형 어류의 90%가 이미 소멸 단계에 접어들었기 때문이다.

대안 고기의 또 다른 유형은 배양육을 이용하는 것이다. 소의 근육 줄기세포를 대량 배양하여 소고기를 만드는 방법인데, 이를 통해 실제로 고기를 만들어 보았더니 근육세포만으로 이루어져 맛이 퍽퍽했다고 한다. 고기에는 근육뿐만 아니라 힘줄, 혈관, 지방 등이 섞여 있기 때문에 좀 더 복합적인 재료를 인공배양하거나 식물성 재료와 섞는 기술적인 진보가 필요할 것이다. 배양 생선 제조에 3D 프린터가 쓰이기도 한다. '블루날루'라는 회사는 생선 근육조직에서 줄기세포를 분리하여 대량생산하고, 이를 모아 기타 영양물질을 섞어 3D 프린터를 이용해 원하는 형태로 만드는 시도를 하고 있다.

식용곤충은 고단백, 저지방, 고효율의 미래 식량으로 관심을 받고 있다. 식용곤충이 고효율인 이유는 10kg의 사료로 9kg의 먹거리를 배양해 낼 수 있기 때문이다. 또한 식용곤충은 단백질, 탄수화물, 지질 등을 골고루 함유하고 있어 완전식품이라 할 수 있다. 일부 곤충은 항산화 및 혈전 용해 작용이 있어 기능성 식품으로 사용될 수 있다. 한의학서로 유명한 허준의 『동의보감』에는 굼벵이(흰점박이꽃무지 유충)의 건강 증진 효능이 기록되어 있다. 그러나 식용곤충은 형태에 대한 거부감으로 인해 식용으로는 많이 쓰이지 않고 있으며 가축 사료용으로 우선 사용되고 있다.

먹거리 식물의 경작에도 변화가 일어나고 있다. 밭에서 키우던 상추, 토마토, 오이와 같은 채소류를 공장과 같은 건물에서 키워 내는 식물 공장(스마트 팜)은 인공광과 수경재배를 이용한다. 공장에서는 기계를 운용하기가 쉬워 자동화가 가능하다. 또 밭에서는 주변에서 날아들어 오는 잡초의 씨니 곤충의 알로 인해 제초제와 살충제를 많이 써야 하지만 식물공장에서는 무공해 재배가 가능한 장점도 있다. 자연의 태양광을 사용하지 않기에 전력 소모가 단점일 수 있으나, 식물 성장을 위해 청색과 적색 파장의 인공광을 비추기만 하면 되기에 전력 소모가 많은 백열등을 사용할 필요는 없다. 더욱이 청색과 적색의 비율에 따라 키가 더 크게 하거나 열매가 더 열리게 하는 식으로 성장의 양상을 조절할 수 있어 원하는 먹거리를 생산하기에 수월하다.

모든 생물은 DNA로 이루어진 유전체가 그 생명체의 성장 및 활동을 좌우하는 청사진으로 작용한다. 이러한 사실은 유전체를 조작하면 동식물의 성장 및 질병에 대한 방어력을 증가시킬 수 있음을 시사하며, 실제 과학자들은 가축이나 농작물의 유전체를 조작하는 방법을 개발하기에 이르렀다. 유전체 자체에 인위적인 변형이 가해진 동식물을 유전자 변형 생물(genetically modified organism, GMO)이라 부른다. 넓은 의미로 보아 GMO는 유전자가 변형된 모든 생명체를 뜻하며, 좁은 의미로는 유전공학적 기법을 이용하여 외부에서 유전자를 도입하여 형질전환이 일어난 생명체를 뜻하기도 한다. 현재 GMO는 유전자 변형에 대한 일반인의 막연한 두려움으로 인해 식용으로의 사용이 제한적이다. GMO의 안전성을 증명하는 다양한 연구 결과가 있음에도 불구하고 여전히 거부감이 있다. 그러나 미래의 먹거리 확보에 있어 GMO의 역할은 무시할 수 없다.

유전자의 존재가 알려지기 이전에는 육종이라는 방법을 통해 사람에게 유리한 특성을 가진 동식물을 개발했다. 가축화된 동물들도 넓게 보면 육종에 의해 만들어진 것이다. 유전자의 존재가 알려진 이후에는 방사선이나 화학물질을 처리하여 돌연변이를 유발하는 방식이 더해졌으며, 최근에는 특정 유전자를 직접 동식물에 도입하려는 노력이 시도되었다. 그러나 이러한 형질전환 동식물에 대한 안전성 문제가 제기되면서 식용으로의 사용에 제동이 걸리게 되었다. 최근 개발된 유전자 가위를 이용한 유전체 교정 동식물은 형질전환 동식물보다 안전한 것으로 생각되고 있다. 유전자 가위는 외부에서 유전 정보를 도입하지 않고 기존의 유전자에 최소한의 조작을 가하기 때문이다.

형질전환을 통해 개발된 식물의 예로는 Bt 작물이 있다. Bt는 *Bacillus thuringiensis*라는 박테리아의 이름에서 유래한 용어이다. 이 박테리아는 살충 기능이 있는 내독소를 생산하는데, 옥수수나 땅콩 등의 유전체에 Bt에서 분리한 내독소의 유전자를 도입한 것이 Bt 작물이다. 이렇게 만들어진 Bt 옥수수나 Bt 땅콩을 키우면 살충제를 뿌릴

슈퍼 근육 돼지

필요가 없어 생산성을 높일 수 있다.

유전자 가위를 이용한 유전체 교정 동물의 예로는 마이오스타틴(myostatin)의 유전자를 제거한 슈퍼 근육 돼지를 들 수 있다. 근육 생장 억제 인자라고 불리는 마이오스타틴은 개체가 발생 및 성장하는 동안 근육이 어느 정도 형성되면 더 커지지 못하게 한다. 유전자 가위를 이용하여 돼지의 마이오스타틴 유전자를 파괴하면 기존의 돼지보다 근육이 더 발달하여 살코기가 많은 돼지를 키워 낼 수 있다. 이러한 방식으로 개발이 시도되고 있는 유전체 교정 동식물의 예는 셀 수 없이 많다. 이 중에는 특정 바이러스에 감염되지 않도록 바이러스와 결합하는 돼지의 단백질을 제거하거나, 곰팡이에 취약한 바나나를 개량하거나, 채소의 성장 속도를 높이거나, 대두의 지방산 함량을 조절하는 등의 시도가 있다.

유전자 가위를 이용하여 내장 질병을 일으키는 글루텐을 제거한 밀도 개발되고 있다. 밀, 보리, 귀리 등은 글루테닌(glutenin)과 글리아딘(gliadin)이라는 성분을 가진다. 가루를 만들어 물을 넣고 반죽을 하면 이들 성분이 결합하면서 탄력성 있는 얇은 피막을 형성하는데, 이것이 바로 글루텐이다. 글루텐은 밀가루 반죽이 숙성될 동안 만들어지는 이산화탄소를 포집하기 때문에 빵이나 케이크가 부풀어 오르게 하고 쫄깃한 감을 더해 준다. 그러나 글루텐은 일부 사람들의 면역 체계를 자극하여 셀리악병, 밀 알레르기, 글루텐 과민증을 유발한다. 이들에게는 글루텐을 제거한 밀이 많은 도움이 될 것이다. 그러나 글루텐에 과민반응이 없는 사람이 더 많기에 모든 사람이 글루텐을 피해야 할 필요는 없다.

이상에서 보았듯이 기존 먹거리를 보완하는 다양한 미래 식량의 개발을 통해 앞으로 인간에 의한 지구 생태계 파괴를 최소화하면서, 증가하는 인구를 감당하려는 노력을 지속해야 할 것이다.

장내 미생물

추정에 따르면 지구의 생명체 총량의 60~70%가 미생물로 이루어져 있다고 한다. 그래서 혹자는 지구를 '미생물의 별'이라고 부른다. 급작스러운 자연환경의 변화(공룡을 멸종시켰다고 믿어지는 거대한 운석의 충돌, 화산 활동으로 인한 대기 변화 등)가 일어난다면 살아남는 것의 대부분은 박테리아를 비롯한 미생물들일 것이다. 일부 미생물은 높은 염도나 끓는 듯한 고온에서도 살아남으며, 산소가 없어도 생존할 수 있다. 광합성으로 만들어지는 탄소 유기물과 산소호흡에 의존하는 많은 동물은 급격한 환경 변화에 살아남기 어려울 것이다.

미생물의 별에서 진화한 모든 생물은 미생물의 영향에서 벗어날 수 없었고 미생물과 공생하는 방식을 택했다. 사람의 몸을 분석해 보면 한 사람의 몸을 구성하는 세포의 숫자(약 30조 개)보다도 그 사람과 공생하는 미생물의 총수(약 100조 개)가 더 많다고 한다. 미생물은 양면성을 가지고 있다. 사람과 공생하며 도움을 주고받는 미생물이 있는가 하면, 흑사병이나 콜레라와 같은 질병을 유발하는 미생물도 있다. 현미경을 통해 미생물의 존재를 인지하게 된 인류는 질병 대부분이 미생물에 의한 것임을 알게 되었고 각종 생활환경에서 미생물을 몰아내기 위해 애써 왔다. 위생 상태를 향상시켜 각종 전염병의 확산을 획기적으로 막아 냈으며 페니실린으로 시작된 다양한 항생제 개발은 질병을 치료하고 생명을 살리는 데 큰 공헌을 하였다.

미생물이 대부분 질병의 원인임을 알게 되고 위생의 중요성이 부각된 후 사람의 몸속에도 미생물(특히 장내 미생물)이 있음을 알게 되었다. 발견 초기에는 장 속의 미생물도 위험하다고 생각하여 장 세척을 통해 미생물을 제거하는 시술이 유행하기도 하였다. 그러나 지금의 관점에서 보면 장내 미생물의 중요성을 간과한 행동이라 할 수 있다. 장내 미생물의 중요성이 알려진 계기는 워싱턴대학교 제프리 고든 교수가 2006년 학술잡지 『네이처』에 발표한 논문을 통해서이다. 이 논문에서 고든 박사와 그의 연구팀은 비만인과 정상인의 장내 미생물 분포에 차이가 있음을 밝혔다. 더 나아가, 정상 쥐의 장내 미생물을 주입한 무균 쥐보다 비만성 쥐의 장내 미생물을 주입한 무균 쥐의 몸무게가 더 많이 증가함을 보고하였다. 이러한 결과는 미생물이 장내에 독립적으로 존재하는 것이 아니라 주인이 되는 사람과 적극적으로 신호를 주고받으며 신체 현상에 관여함을 의미한다.

우리 몸에 붙어사는 미생물들을 통틀어 미생물상(microbiome)이라 부른다. 한 사람에게 존재하는 미생물상의 총 무게는 2kg 정도로 미미하지만, 미생물 전체가 가지는 유전자의 가짓수는 약 200만 개에서 2000만 개에 달하여, 사람의 유전체가 가지는 3만 개의 유전자에 비해 그 수가 월등히 많다. 수많은 미생물의 유전자는 사람은 하지 못하는 대사 과정을 일으켜 장내 미생물들로 하여금 다양하고 독특한 대사산물을 만들어 내게 한다. 이러한 미생물 대사산물들은 미생물 자신뿐만 아니라 그 주인이 되는 사람의 활동에도 영향을 미치게 된다. 이 밖에도 장내 미생물은 섬유질과 같이 위에서 완전히 분해되지 않는 음식물을 완전히 분해하여 소화를 도와주는 역할도 한다. 우리 몸과 공생하는 대부분의 미생물은 장내 미생물이지만 피부와 점막(예를 들어 입이나 여성의 질)에도 다양한 미생물이 분포한다. 이들 미생물은 위치를 선점하여 자라면서 텃새 효과를 발휘하여 병원균의 침투를 막아 주는 역할을 하기도 한다.

우리 몸의 면역 체계는 이러한 미생물상과 균형을 이루고 있다. 다시 말해서 이들을 적극적으로 공격하지 않는다. 엄밀히 말하면 피부나 점막 혹은 장에서 자라는 미생물들은 우리 몸의 외부에 존재한다. 이들 미생물이 일단 우리 몸의 조직 안으로 침투하면 면역 체계의 공격을 받아 제거된다. 만약 면역력이 약해지면 내부로 침투한 미생물들을 막아 내지 못해 이들이 감염을 일으키게 되는데, 우리는 이러한 감염을 기회감염(미생물이 면역력이 약해지는 기회를 보아 감염하기 때문이다)이라 부른다. 기회감염의 대표적인 예는 에이즈 환자의 경우에서 찾을 수 있다. 에이즈 환자는 면역 기능의 중추적인 역할을 담당하는 도움 T 세포를 주로 파괴하기 때문에 감염 말기에 이르러서 면역력이 심각하게 약해지게 되어 평소에는 질병을 일으키지 못하던 우리 몸의 공생균들이 내부로 침투하여 질병을 일으키게 된다.

장내 미생물은 크게 세 가지 분야에서 우리 건강에 관여한다. 첫 번째가 장의 건강 상태 조절, 두 번째가 면역력 조절, 세 번째가 정신적인 건강 조절이다. 장내 미생물의 분포에 따라 이들 세 가지 분야의 건강 상태도 영향을 받게 된다. 2013년 네덜란드의 연구진이 학술잡지 『뉴잉글랜드 저널 오브 메디슨』에 발표한 연구 결과에 따르면, 건강한 사람의 장내 미생물을 장염 환자의 장에 주입하면 장염을 치료할 수 있다고 한다. 이 연구에서 소개된 분변 미생물 이식술을 수행하기 위해 세계 각국에 대변 은행이 설립되어 건강한 사람의 분변을 모아 미생물을 분리하여 보관한다. 치료가 필요한 장염 환자가 있으면 환자의 장내 미생물을 세척하거나 항생제를 이용하여 제거하고 건강한 사람의 미생물을 주입하는 것이다. 이 밖에도 장염 환자가 병원을 방문하면 흔히 처방되는 것이 유산균이 농축된 캡슐이다. 이 또한 장내 미생물의 분포를 바꾸기 위한 노력의 하나로 볼 수 있다. 우리나라에서 젊은 층을 중심으로 크론병 같은 염증성 장 질환이 증가하고 있다는 보고가 있는데, 이는 서구화된 식습관으로 인해 장내 미생물 분포가 변화한 탓일 수 있다. 장내 미생물의 분포는 대장암, 궤양성 대장염, 크론병, 민감성 장 증후군 및 비만과 연관된 것으로 조사되고 있다.

장내 미생물은 면역 기능에 영향을 미친다. 그 이유는 면역세포 대부분이 장에 분포하기 때문이다. 우리는 하루에 많은 양의 음식을 먹기 때문에 우리 몸에서 외부 물질을 가장 많이 접하는 곳은 위와 장이라 할 수 있다. 따라서 음식에 오염되어 있을 수 있는 병원균의 침투를 막기 위해서 장 주변에는 면역세포들이 집중되어 있다. 구체적인 분석에 따르면 인체 면역세포의 70~80%가 장에 분포한다고 한다. 따라서 어떠한 장내 미생물이 분포하는지에 따라 이들이 분비하는 대사산물이 달라지고, 이것은 다시 주변 면역세포의 분포 및 작용에도 변화를 주어, 류마티스 관절염과 같은 자가면역질환의 심도에 관여하거나 면역항암제의 치료 효과에 영향을 주는 것으로 알려져 있다.

장내 미생물은 정신 건강과도 밀접한 관련이 있다. 우리는 전통적으로 장과 정신 건강의 연관성을 부지불식간에 알고 있었다고 할 수 있는데, 그 예로 충격이나 스트레스를 받으면 체한다든지 배가 부르면 기분이 좋아지는 것을 들 수 있다. '사촌이 땅을 사면 배가 아프다'라는 속담이나 안타깝거나 슬픈 일이 생기면 '애간장이 녹는다' 혹은 '애가 탄다'라는 관용적인 표현을 쓰는데, 이러한 것은 장과 정신 건강의 연관성을 보여 준다. 이러한 장과 정신 건강의 연결성을 현대적으로 표현한 것이 장-뇌 축(Gut-Brain axis)이다. 이 용어는 장과 뇌가 다양한 경로를 통해 서로 교통하고 있음을 의미한다. 구체적인 예를 들면, 말초신경의 70%가 장에 분포하고 있으며 이들은 미주신경을 통해 뇌와 신호를 교환한다. 또한 장내 미생물은 성장 과정에서 수십만 종의 대사산물을 생산하고 이는 대장벽을 통해 흡수되어 혈액을 타고 뇌를 자극하게 된다. 장 주변의 면역세포들은 장내 미생물에 의해 자극을 받아 사이토카인(cytokine)을 분비하여 체내 염증 상태를 조절하는데, 이들 사이토카인이 혈액을 통해 뇌의 작용에 영향을 미칠 수 있다. 신경전달물질의 하나인 세로토닌(serotonin)은 대부분이 장에서 만들어져 감정과 식욕을 조절한다.

장과 뇌의 연관성에 주목한 이후 점점 더 많은 뇌 질환이 장 건강과

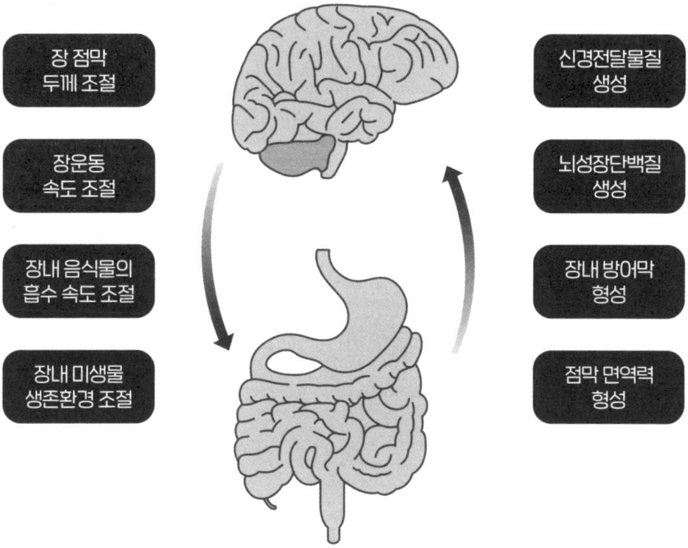

장-뇌 축(Gut-Brain axis)

연계된 것으로 밝혀지고 있다. 우울증의 경우 약 30%의 환자가 장 누수 증후군을 동반하고 있으며, 자폐 환자 중에는 장 누수 증후군이나 민감성 장 증후군을 앓는 경우가 많다. 파킨슨병, 조현증, 불안장애 등도 장내 미생물과의 연관성이 밝혀지고 있다. 반대의 경우도 성립한다. 국내 연구진의 발표에 따르면 크론병 및 궤양성 대장염 환자는 불안장애나 우울증 위험이 큰 것으로 나타났다. 만성적인 장염이 있으면 알파시누클레인(alpha-synuclein)이라는 단백질이 과다 생산 및 축적되는데, 이것은 파킨슨병의 주요 원인이다.

자폐와 파킨슨병 같은 신경계 질환의 환자들은 장신경계도 약해져서 복통, 설사, 변비와 같은 배변 장애가 자주 발생한다. 변비로 고생하는 자폐 환자의 장에 정상인의 장내 미생물을 주입하면 변비가 개선될 뿐만 아니라 자폐 증상이 완화된다는 것이 보고되었다. 이러한 분변 미생물 이식술을 통한 치료가 파킨슨병, 조현증, 알츠하이머 등에도 적용될 수 있을지 앞으로의 연구 결과가 기대된다.

장내 미생물의 다양한 역할을 볼 때 건강한 장내 미생물상을 유지하는 것이 중요함을 잘 알 수 있다. 그렇다면 장내 미생물의 분포는 무엇으로 결정될까? 개개인의 유전적 성향도 관련이 있겠지만 유전적 요인은 타고난 것이라 본인이 조절할 수 없다.(이후 유전적 요인이 밝혀지면 유전체 교정을 통해 치료 가능하다) 결국, 건강한 장내 미생물상을 유지하기 위해 개인이 할 수 있는 일은 건강한 식습관과 생활습관을 갖는 것이다. 예를 들어 섬유소가 많은 채식을 주로 한다면 섬유소를 먹이로 하는 미생물들이 우선적으로 자라날 것이다. 만약 불포화 지방산이 많은 육식을 주로 한다면 이를 먹이로 하는 미생물들이 우선적으로 자라날 것이다. 한 사람의 식습관은 수십 년 동안 지속되므로 채식을 주로 하는 사람과 육식을 주로 하는 사람의 장내 미생물 분포는 확연한 차이가 나게 된다. 한식의 특징 중 하나가 육식보다 채식이 많다는 것인데, 이는 건강한 미생물들이 장에서 살아가게 하는 좋은 방법이다.

식습관의 관점에서 보면 탄산음료나 붉은 육류보다는 채식 위주의 식단과 채소, 견과류, 생선류, 통곡물류 및 각종 발효 음식의 섭취가 건강한 장내 미생물상을 유지하는 데 도움을 준다. 이는 한식의 약식동원 사상과도 일맥상통한다. 우리가 먹은 음식이 약이 되어 건강한 장내 미생물상을 유지하고 이것이 몸을 건강하게 한다는 것을 우리 조상들은 경험적으로 파악하고 이를 채식 중심의 한식문화에 담아낸 것이다.

우울증 환자와 일반인의 식습관을 비교해 보면 우울증 환자는 채식의 비중이 낮고 아침을 거르는 비율과 음주의 비율이 높다고 한다. 이러한 나쁜 식습관은 장내 미생물상을 정상인의 그것과 멀어지게 하여 우울증의 원인 중 하나로 작용할 가능성이 크다. 역으로 말하면 우울증 환자가 건강한 식습관을 가지게 되면 우울증 치료에 도움이 될 수 있다. 식습관 이외에도 흡연 및 운동 여부, 취침시간 등의 생활습관 또한 장내 미생물상의 구성에 영향을 미치는 요인으로 생각되고 있다.

장내 미생물의 중요성이 일반 대중에게 인식되면서 건강한 장내 미생물을 섭취하려는 시도가 일어났고 이는 프로바이오틱스(probiotics) 개발로 이어졌다. 이것은 유익균을 살아 있는 상태로 섭취하여 장내 미생물상을 건강에 유익한 방향으로 바꾸려는 시도이다. 젖산을 생산하여 산성의 환경을 만들어 내는 유산균이 대표적인 프로바이오틱스이다. 그러나 프로바이오틱스를 일부러 섭취하지 않더라도 우리 식탁에 오르는 된장, 김치, 고추장, 막걸리, 요거트 등에는 유산균과 다양한 유익균이 포함되어 있으므로 이들 발효음식을 먹는 것만으로도 충분하다. 잘 발효된 김치의 경우 1g에 약 1억 마리의 유산균이 포함되어 있다고 한다. 물론 이들이 프로바이오틱스로 작용하기 위해서는 장까지 살아서 들어가야 한다는 문제가 있다. 입으로 섭취한 음식에 포함된 균들은 위액의 높은 산성도와 각종 분해효소의 공격을 받아 위에서 파괴된다. 설사 대부분의 미생물이 장까지 도달하지 못하더라도 많은 양의 발효식품을 섭취하여 일부만이라도 장에 도달하면 목적은 완수된다. 게다가 유산균은 위산이 만들어 내는 산성 환경에 강하다. 비록 일부만 도달하더라도 장내에서 자라면서 많은 수로 증식이 가능하기에 건강 증진 효과를 볼 수 있다. 의약품이나 상품으로 개발된 프로

바이오틱스의 경우는 유익균을 캡슐에 싸서 장까지 안전하게 전달하는 방법을 사용한다.

다른 한편으로는 장내 유익균의 먹이가 될 수 있는 물질을 섭취하여 건강한 장내 미생물상을 조성하려는 노력도 이루어지고 있는데, 이 물질을 프리바이오틱스(prebiotics)라 부른다. 채소나 버섯, 과일 등에 존재하는 프럭토올리고당은 위에서 소화되지 않고 장에 도달하여 장내 균에 의해 분해되면서 단쇄 지방산(short chain fatty acid)을 생성하고, 이는 다시 장내 환경을 산성화하여 유익균을 증가시킨다. 물론 프럭토올리고당을 프리바이오틱스로 섭취하는 것이 도움이 될 수 있겠으나 그보다는 식이섬유가 풍부한 채소, 과일 위주의 식단을 짜는 것이 프리바이오틱스를 많이 섭취하는 방법이라 할 수 있다.

장내 미생물을 이야기할 때 한 가지 기억해야 할 것은 장에서 유해균을 무조건 다 없앤다고 좋은 것이 아니라 유익균과 유해균이 적당한 비율을 지키며 공존하는 것이 건강에 더 좋다는 것이다. 또한 지나친 청결은 미생물과 우리 몸의 상호작용에 이상을 일으키고 신체의 조절 능력을 떨어뜨려 아토피성 피부염을 포함한 다양한 알레르기 질환의 원인이 되기도 한다.

3

과학으로 보는 의복문화

Q.

01 우리의 전통의복에 사용된 섬유들은 어떻게 만들어질까?

02 기능성 섬유에는 어떤 것들이 있으며 그 과학적인 원리는 무엇인가?

03 섬유의 세탁과 천연염색에는 어떤 과학적 지식이 숨어 있을까?

섬유

한반도에서 사용되어 온 전통섬유는 면(綿, 무명)과 마(麻, 삼베와 모시) 같은 식물성 섬유와 견(絹, 비단)과 모(毛, 털옷) 같은 동물성 섬유로 나뉜다. 고조선과 삼국 시대에는 모시, 삼베, 비단, 가죽, 모피 등이 의복에 사용되었다. 목화는 고려 공민왕 때 문익점에 의해 전래 되어 무명옷으로 만들어졌다. 우리 조상들을 백의민족이라고 칭하기도 하는데, 이는 조선 시대에 무명옷이 대중화되어 흰옷을 즐겨 입었기 때문이다. 우리 선조들은 사계절에 맞추어 여름에는 시원한 삼베옷이나 모시옷을 입었으며 겨울에는 솜을 넣어 만든 무명옷이나 비단옷을 입었다.

면 또는 무명은 목화솜을 원료로 사용한 무명실을 이용해서 짠 천을 의미한다. 목화(목면)는 한해살이풀로서, 열매의 씨앗은 목화씨 기름을 만들고 열매의 털을 모아 목화솜을 마련한다. 목화솜은 솜이불이나 겨울옷을 만들 때 속을 채우는 솜으로 쓰기도 하고 실로 자아서 무명실을 만들기도 한다. '자세하고 빈틈없음'을 뜻하는 '면밀(綿密)'이라는 단어는 무명실로 짠 무명천의 올이 촘촘하게 짜여진 것을 보고 생겨난 말이다.

다양한 목화꽃과 목화 열매

마는 삼(대마)으로 만든 삼베와 모시(저마)로 만든 모시옷을 의미하는데, 튼튼하고 물 흡수가 잘될 뿐만 아니라 수분을 쉽게 증발시키는 특성이 있다. 이러한 특성으로 인해 여름날에 삼베나 모시로 된 옷을 입으면, 까칠까칠한 느낌을 주면서 몸에 달라붙지 않아 시원하게 지낼 수 있다. 뽕나뭇과에 속하는 한해살이풀인 대마(삼)는 어른 키보다 높게 자란다. 대마의 줄기를 삶아 껍질을 벗겨 삼실을 만든다. 시원한 여름옷뿐만 아니라 수의, 행주, 여름용 방석을 만드는 데 사용된다. 쐐기풀과에 속하는 여러해살이풀인 저마(모시)는 옷감으로 주로 사용한다. 한산모시는 유네스코 인류 무형유산으로 등재될 만큼 그 가치가 높다. 모시의 풀은 식용으로도 사용되는데, 모시잎을 멥쌀과 함께 반죽하여 모시송편을 만든다. 맛도 좋을 뿐 아니라 모시잎에 들어 있는 플라보노이드가 항균 및 항산화 작용을 하여 건강에도 좋다.

대마는 줄기와 잎에 환각을 일으키는 THC(테트라하이드로 칸나비놀)라는 성분이 있어 대마초의 주성분으로 작용한다. 최근 들어 THC 성분이 간질 증세를 완화하는 효과가 있음이 알려져 희귀 소아 간질을 치료하는 에피도렉스(Epidolex)의 주요 성분으로 쓰이기도 한다. 이를 포함한 여러 이유로 미국의 일부 주에서는 대마초 사용을 법적으로 승인하였다. 중독을 일으키는 마약류는 크게 대마와 마약, 향정신성의약품 등 세 가지로 분류한다. THC를 함유하는 대마초(마리화나) 및 수지와 같은 것은 대마에 속하며, 양귀비에서 얻는 아편, 모르핀, 헤로인, 코카인 등은 마약에, 암페타민류(히로뽕)와 졸피뎀같이 화학 합성된 것들은 향정신성의약품에 속한다. 마약류는 대뇌를 자극하여 도파민의 생산을 증가시켜 쾌락과 보상받는 느낌을 유발한다. 이러한 만족감을 느끼기 위해 마약류를 반복해서 사용할 경우 몸은 이에 대한 반작용으로 도파민 수용체의 생산을 줄이게 된다. 결과적으로 같은 정도의 쾌락을 느끼기 위해서 더 많은 마약류를 사용해야 하고, 점점 더 많은 양을 사용하면서 중독으로 이어지게 된다. 이러한 도파민 의존성 중독을 일으키는 것은 비단 마약류뿐만 아니라 술과 담배도 마찬가지이다.

삼베는 질기면서도 항균 기능이 있다는 특징을 지닌다. 실제로 삼실은 무명실보다 강도가 열 배 강하므로 끈이나 그물로 사용하기도 하고, 한약을 달인 후 액을 짜내기 위해 삼베로 만든 천을 이용하기도 하였다. 항균 기능이 있어 죽은 사람을 염습할 때 입히는 수의(壽衣)를 만들거나 주방의 행주를 만들 때 삼베를 이용하기도 하였다. 또한 생선을 건조할 때 덮어 두거나 고추장 항아리에 삼베포를 덮어 변성을 방지하기노 하였다.

누에의 고치로 만드는 견(비단)은 동물성 천으로서, 얇고 부드러우며 광택이 나서 최고급 천으로 대우받는다. 특히 명주(明紬)는 삼국 시대부터 한반도에서 만들어져 왔던 비단으로, 우리 조상들의 생활과 밀접한 관련이 있다. 누에나방의 애벌레인 누에는 뽕잎을 먹고 자라면서 뽕잎의 셀룰로스를 소화하여 실을 토해 내고 이를 겹쳐 고치를 짓는다. 누에실을 모아 겹치면 비단실(또는 명주실)이 되는 것이다. 누에고치에서 명주실을 뽑아내고 남은 번데기는 고단백질의 먹거리로 쓰이기도 한다. 양과 같은 짐승의 털로 만드는 모직물은 가볍고 따뜻하다는 특징이 있다.

섬유의 제작

지금까지 설명한 네 가지 섬유는 실을 만드는 과정에서 차이가 날 뿐 일단 실이 만들어지면 천을 짜는 과정은 대동소이하다. 우선 비단을 만드는 명주실을 예로 들어 실을 얻는 과정을 살펴보자. 70~80도의 물에 20여 개의 누에고치를 넣고 실을 풀어낸 다음 누에실을 겹쳐서 명주실로 뽑아내는데, 이를 실뽑기라 한다. 누에 한 마리가 만드는 실의 길이는 약 800m에 달한다. 누에고치에는 실과 실을 단단히 결합하는 세리신이라는 물질이 있다. 이것은 실뽑기를 하는 동안 분해되어야 한다. 세리신은 물이 깨끗할 때보다 더러울 때 더 잘 분해되는데, 그 이유는 물이 더러워지면 세리신을 분해하는 균들이 더 많이 자라기 때문이다.

목화솜으로부터 무명실을 만드는 과정은 수확된 목화솜에서 씨앗을 빼내는 씨앗기로부터 시작된다. 다음은 활줄에 솜을 털면서 부드럽게 만드는 솜타기, 목화솜에서 실이 잘 뽑히도록 솜을 가늘게 마는 고치말기, 그리고 고치말기한 솜을 물레를 이용하여 무명실을 만드는 실잣기 과정을 거쳐 무명실이 만들어진다. 이때 사용되는 물레는 문익점의 손자인 문래가 고안한 기구이다.

삼베의 재료가 되는 삼실은 대마(삼)의 줄기를 삶아서 껍질을 벗긴 후 만든다. 모시풀에서 뽑는 모시실은 다른 실에 비해 상당히 복잡한 과정을 거쳐 만들어진다. 우선 모시풀의 속 줄기를 빼낸 후 껍질을 다듬어 태모시를 만든다. 다음은 태모시를 사람의 치아 사이로 통과시켜 가는 실로 갈라내는 모시째기를 한다. 다음은 모시째기로 만들어진 모시 올에 침을 바르고 맨 무릎에 비벼 실을 이어 나가는 모시삼기를 한

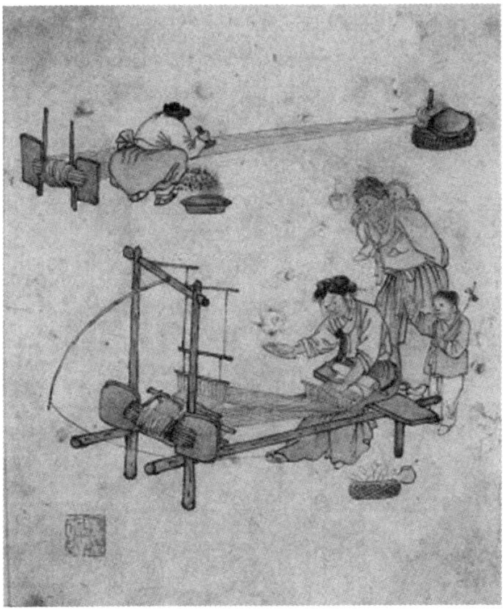

김홍도의 풍속도 〈길쌈〉(18세기)

다. 마지막으로 모시실을 길게 만들어 실타래에 감는데, 이 과정을 모시굿 만들기라 부른다.

원재료에 상관없이 일단 실이 만들어지면 천을 짜는 과정이 남게 된다. 천은 날실과 씨실로 구성된다. 짜인 천의 길이에 해당하는 실이 날실이다. 즉, 한 필 길이의 천을 짜기 위해서는 한 필의 길이에 해당하는 날실이 필요하다. 날실과 직각 방향으로 날실의 위아래를 번갈아 통과하면서 묶어 주는 실이 씨실이다. 천을 짜기 위해서는 우선 천의 길이에 맞춰 날실을 잘라야 한다. 문제는 천을 짜기 위해서는 수십 올의 날실이 필요하기에 날실을 하나씩 자르면 시간과 노력이 많이 들게 된다. 이를 해결하기 위해 날상이(날틀)를 사용한다. 날상이는 나무로 된 긴 틀에 열 개의 구멍을 내어 놓은 것으로, 열 개의 실꾸리에서 실을 가져와 각각의 구멍에 통과시키면서 날실을 길이에 맞게, 한 번에 열 개씩 준비할 수 있도록 하는 기구이다. 이처럼 날상이에 열 개 올의 실을 걸어 일정 길이로 자르는 작업을 '실을 난다'라고 표현한다.

천을 짜는 베틀은 도투마리, 잉아, 북 등으로 이루어져 있다. 도투마리는 천을 짜는 데 필요한 날실을 한꺼번에 감아 놓은 틀이며, 도투마리에서 날실을 뽑아 베틀에 걸어 잉아를 통과시킨다. 잉아는 베틀에서 날실을 번갈아 끌어 올리는 굵은 실이다. 천을 짜는 과정에서 홀수 번째의 날실과 짝수 번째의 날실은 잉아에 의해 번갈아 들어 올려진다. 홀수 번째의 날실을 걸어 놓은 잉아가 날실을 당겨 올리고 씨실이 통과된 후에는 짝수 번째의 날실을 걸어 놓은 잉아가 날실을 당겨 올리는 식으로 번갈아 날실을 들었다 내렸다 하는 것이 잉아이다. 씨줄은 실꾸리에 감아 북이라는 기구에 넣어서 사용하는데, 북은 베틀에서 잉아의 조작으로 만들어지는 날실의 틈을 왕복하면서 씨실을 푸는 기구이다.

날상이를 이용하여 날실이 준비되면 날실 올의 표면에 풀을 먹여 도투마리에 감는 베매기라는 순서가 진행된다. 날실에 풀을 먹이는 이유는 천을 짜는 동안 실이 끊어지지 않도록 하고 씨실과 날실이 서로 미끄러지지 않도록 하기 위해서이다. 다음 단계는 꾸리감기로서, 씨실을 꾸리에 감아 북 안에 넣는 것이다. 도투마리를 베틀에 올리고 나면 날실을 풀어 잉아에 걸어 날실을 번갈아 끌어 올리거나 내리면서 북을 통과시켜 천을 짜는 과정을 베짜기라 한다.

기능성 섬유

자연적인 섬유가 대세를 이루었던 산업화 이전의 사회에 비하여 산업화 이후에는 세계 각국에서 화학 합성섬유를 개발하기도 하고 기존의 섬유에 변화를 가하여 기능이 뛰어난 섬유를 개발하였다. 면으로 만들어진 섬유는 부드럽고 피부에 자극적이지 않아 속옷에 많이 사용되고 있다. 이번 장에서는 속옷에 사용되는 기능성 섬유의 다양한 형태를 소개하고자 한다.

속옷을 입는 이유는 무엇일까? 우선 몸에서 배어 나오는 땀과 피부 각질층의 부스러기, 그리고 그 안에 섞여 있는 미생물이 겉옷에 묻지 않도록 막아 주는 역할을 하여 겉옷을 자주 세탁할 필요성을 줄인다. 잠을 잘 때도 내복이나 잠옷을 입고 자면 이불을 자주 세탁할 필요가 없다.

속옷이나 내의로 사용되는 면섬유에 기능성을 부여하기 위해 갯벌의 흙을 넣어 만든 섬유가 있다. 흙은 열을 받으면 원적외선을 방출하여 혈액순환을 개선하는 효능이 있다. 그 원리는 다음과 같다. 원적외선은 파장이 50μm에서 1mm 사이의 적외선을 의미한다. 원적외선은 침투력이 강하여(파장이 길수록 투과성이 증가한다) 피부를 통과할 수 있다. 피부 아래의 조직에 원적외선이 가해지면 조직을 구성하는 유기화합물들이 진동하는 공진과 공명 현상이 일어나면서 열이 발생하고 이 열은 다시 주변의 모세혈관을 확장하여 혈액의 순환이 활발해진다. 혈액의 순환이 활발해지면 따뜻함을 느끼게 되고 이와 함께 산소 공급이 원활해져서 주변 세포 및 조직의 기능이 활기를 띠게 된다. 우리가 병원에서 사용하는 적외선 치료기도 유사한 원리를 통해 치료하고자 하는 부위의 세포 기능을 활성화한다.

원적외선은 흙 이외에 세라믹이나 맥반석에서도 발산된다고 알려져 있어 세라믹이나 맥반석을 넣어 만든 기능성 섬유가 사용되기도 한다.

세라믹은 햇빛의 자외선을 차단하여 피부 노화를 방지하며 원적외선을 방출하여 혈액순환을 돕는다. 세라믹은 비금속의 무기질 고체 재료로서, 주로 열처리를 통해 제조되는 유리, 법랑, 시멘트 등을 포함한다. 맥반석은 석영과 장석이 섞여 있어 보리 주먹밥(맥반)같이 생겼다 하여 붙인 이름이다. 주성분은 무수 규산과 산화알루미늄 등이며 미세한 구멍(1㎠당 3만~100만 개)이 많아 흡착성이 강하다. 또한 2만 5천여 종의 무기염류를 함유하고 있어 중금속과 이온을 교환할 수 있다. 이 때문에 유해금속 제거 기능을 가진다. 맥반석 중에는 누런 백색을 띤 것도 있는데, 이것은 여과재 혹은 소염제로 쓰이기에 약석이라 부르기도 한다. 이러한 특성으로 인해 찜질방, 식기, 의료기를 포함한 여러 산업 부문에서 이용되고 있다.

기능성 내의 중에는 키틴을 가공하여 만들어지는 키토산 성분을 첨가하여 항균 효과를 가지는 것이 있다. 키틴(chitin)은 게와 새우 등 갑각류의 껍질이나 갑오징어와 같은 연체류의 뼈를 지칭하는데, 이것을 분쇄하여 단백질을 제거하고 탈염 및 탈아세틸화 과정을 거쳐 식용에 적합하도록 한 것이 키토산(chitosan)이다. 키토산은 소화흡수가 잘되고 식욕을 촉진하는 효과가 있어 기능성 식품으로도 사용된다. 예로부터 '새우튀김을 먹을 때는 꼬리까지 먹어라', '입맛이 없을 때는 게장을 먹어라' 했던 이유가 여기에 있다. 조상들이 키토산을 만드는 방법은 간장게장이었다. 게를 씻어 말린 후 숯불에 달인 조선간장과 함께 항아리에 넣어 두면 간장에 의해 키토산 성분이 추출된다.

피톤치드를 작은 캡슐에 넣어 섬유에 섞어 만든 내의도 있는데, 섬유가 마찰하면 피톤치드가 방출된다. 피톤치드(phytoncide)는 식물을 뜻하는 'phyto'와 죽인다는 뜻의 'cide'를 합하여 만든 용어이다. 피톤치드의 주성분은 테르펜(terpene)계 화합물로서, 숲속에서 느끼는 상쾌함과 시원함의 원인이 된다. 소나무와 잣나무 등의 침엽수에서 많이 방출되는 피톤치드는 아토피와 가려움증을 치료하는 기능이 있어 산림욕의 대상이 되기도 한다. 이 밖에 색소와 발색제를 넣은 작은 캡슐을 섬유에 섞으면 온도에 따라 색깔이 변하는 섬유를 만들 수 있다.

최근 들어 개발된 기능성 섬유로는 발열내의를 들 수 있다. 발열내의는 세 가지 다른 방식을 사용하여 만들 수 있는데, 첫 번째 부류는 흡습 발열 소재이다. 천연의 양털이나 아크릴레이트 계열의 화학 합성 섬유를 사용하면 몸에서 발산되는 수증기를 흡수하여 물로 변환시킨다. 주전자의 물을 끓이려면 밑에서 열을 가해 주어야 하는데, 그 반대로 수증기가 물로 바뀔 때는 열이 발산된다. 두 번째 부류는 적외선 흡수 발열 소재이다. 섬유 속에 금속의 초미립자를 넣어 두면 몸에서 발산되는 적외선을 받아 진동하면서 열을 내게 된다. 세 번째 부류는 혈액순환 촉진 소재인데, 원적외선을 방출하는 광물 미립자 혹은 신진대사를 촉진하고 발열을 유발하는 캡사이신을 함유한 섬유를 사용하는 것이다.

세탁

섬유를 의복이나 이불로 사용하면 때를 타게 된다. 때라고 부르는 것은 주로 피부의 각질층에서 떨어져 나온 부스러기와 땀, 그리고 피부의 지방 성분이 합해져서 만들어진다. 여기에 먼지와 미생물, 곰팡이의 포자 등이 더해진다. 각질층과 먼지가 합해져서 거무스름하게 보이는 때는 산성을 띤다. 그 이유는 세균 번식을 막기 위해 피부 표면의 산성도가 4 정도이기 때문이다. 옷을 세탁하려면 때를 섬유에서 떼어내야 하는데, 산성의 때를 잘 용해하기 위해서 세제는 염기성을 띠어야 한다. 천이나 의복에 묻은 때를 떼어 내는 세탁은 세제를 이용한 화학적 방법과 기계적인 힘을 가하는 물리적 방법을 혼합하여 사용한다. 세탁은 옷의 아름다움을 유지해 주고 위생 상태를 회복하는 기능에 더하여 섬유의 피로를 풀어 주어서 내구성을 높이는 기능이 있다.

빨래에 사용되는 세제는 전통적으로 사용되어 왔던 잿물과 산업화 이후 개발된 비누를 들 수 있다. 잿물은 뽕나무나 콩깍지, 짚 등을 태워 재를 만들고 이것을 물에 불려 우려낸 것이다. 세탁에 쓰일 뿐만 아니라 도자기나 옹기를 만들 때 유약으로도 사용되고 섬유 염색의 매염제로도 쓰인다. 잿물은 미끌미끌한 감촉을 띠면서 강한 염기성이어서 산성의 때와 잘 화합한다. 잿물의 구성 성분을 화학적으로 분석한 서양의 과학자들은 수산화나트륨(NaOH)이 주성분임을 확인하였다. 이후 잿물이 필요할 때는 역으로 수산화나트륨을 화학 제조하여 만들어 썼다. 수산화나트륨을 가성소다 혹은 양잿물이라 부르기도 하는데, 양잿물로 불리는 이유는 수산화나트륨 용액이 서양에서 유래한 것이며 잿물과 같은 특성을 가지기 때문이다.

잿물 자체에는 비누 성분이 없는데 어떻게 세제로 쓰이는 것일까? 잿물이 세제로 쓰이는 이유는 염기성이라는 특성에 더하여 기름과 만나면 비누가 만들어지는 특성이 있기 때문이다. 잿물이 기름을 가수

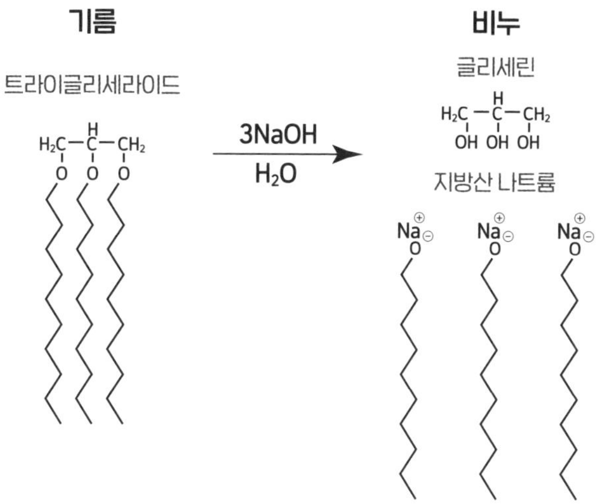

기름(트라이글리세라이드) + 3NaOH → 글리세린 + 3지방산 나트륨(비누)

비누화 반응

분해하여 비누를 만드는 반응을 비누화 반응이라 한다. 때가 묻은 옷을 잿물에 넣어 비비면 마찰열로 인해 온도가 올라가면서 수산화나트륨과 때의 기름에 포함된 트라이글리세라이드가 화학적으로 반응하여 지방산 나트륨(비누)을 만들어 내고 이것이 세척력을 발휘한다.

이때 만들어지는 비누는 물과 잘 섞이는 친수성 부위와 물과 섞이지 않고 기름과 잘 섞이는 소수성(친유성) 부위를 모두 가지고 있어 계면활성제라 부른다. 계면활성제를 물에 풀어 놓으면 물의 표면에 떠올라 친수성 부위는 물을 향하고 소수성 부위는 공기를 향하여 배열하면서 물의 표면장력을 약하게 한다. 비누 거품이 생기는 이유는 이 때문이다. 만약 물을 휘저어 계면활성제와 물을 억지로 섞으면 계면활성제는 물속에서 뭉치면서 둥근 마이셀을 만드는데, 이때 소수성 부위는 안으로 향하고 친수성 부위는 마이셀의 표면에서 물과 접하게 된다.

빨래는 팽윤, 현탁, 용해의 세 단계로 진행된다. 세제액에 때가 묻은 의복을 담그면 섬유와 때가 세제와 물을 흡수하게 되고 결과적으로 부피가 늘어나면서 섬유와 때의 접착력이 느슨해진다. 이를 팽윤(膨潤)이라 부른다. 두 번째 단계인 현탁(懸濁)에서는 세제가 섬유와 때 사이에 끼어들어 때와 세제가 섞인다. 이때 세제액에 들어 있던 비누는 마이셀 상태로 있다가 섬유로부터 떨어져 나오는 때를 마이셀의 안쪽으로 끌어들인다. 마이셀 안으로 때가 들어가는 이유는 때에 포함된 소수성의 지방산이 마이셀 안쪽의 소수성 부위와 잘 결합하기 때문이다. 산성의 때가 섬유로부터 떨어져 나와서 염기성의 세제가 만들어 내는 마이셀의 내부로 끼어드는 과정을 용해(溶解)라 부르는데, 마치 때가 물에 녹는 듯 사라진다. 이들 과정은 온도가 높을 때 더 잘 일어나기 때문에 빨래를 세제액에 삶기도 한다. 빨래를 삶으면 살균 효과도 같이 일어난다. 또한 팽윤–현탁–용해의 과정은 물리적인 충격을 주면 더 잘 일어나므로 예전에는 빨랫방망이로 두드리면서 빨래를 하였고 요즘에는 세탁기에 넣고 돌린다.

우리는 세제를 비누라 부르는데, 이 용어는 '비루'에서 왔다. 우리 조상들은 면직물의 경우에는 잿물에 담근 후 삶아서 빨았으며, 마직물은 삶지 않고 잿물에 헹구거나 쌀뜨물에 며칠간 담가 두었다가 두들겨 빨았다. 비단의 경우는 누에실이 염기성의 단백질로 되어 있어 염기성의 잿물에 담그면 세탁이 잘되지 않는다. 대신 녹두, 콩, 팥 등을 갈아서 만든 가루를 비단과 함께 비벼 때를 제거했다. 이때 사용한 녹두나 콩의 가루를 비루(飛陋)라고 불렀는데, 더러움을 날려 보낸다는 뜻이다. 서양에서 비누를 지칭하는 말인 'soap'은 로마인들이 제사를 지내던 사포(Sapo)라는 언덕에서 유래했다. 제사를 지낸 후 제물로 바친 양을 태웠는데, 양이 타고 남은 재를 이용하여 잿물을 내고 이것을 사용하면 빨래가 잘된다는 것을 알게 되었다. 이후 'sapo'는 'soap'으로 바뀌었다.

염색

염색의 역사는 상당히 오래되었다. 지금으로부터 수천 년 전인 이집트 고분이나 로마 시대의 문헌에서 염색의 증거를 찾을 수 있다. 당시에는 동식물에서 얻은 천연염료를 이용한 염색이 발달했으나 로마 이후에 일반인들의 염색이 금지되면서 기술이 퇴보하였다. 13세기 들어 유대인들의 염색 기술이 전해지면서 이탈리아의 염색업자조합이 결성되어 르네상스 시기의 염색 발달을 견인하였다. 이것이 다시 15세기 유럽으로 전파되면서 매염제가 발달하게 되었다. 매염제는 섬유에 색소를 고착시키는 물질이다. 17세기 들어 표백 기술이 개발되었고 19세기에는 다양한 인공염료 및 합성염료가 개발되면서 염색 기술이 확립되었다.

우리나라는 고려 시대 벽화에 다양한 색의 옷감이 등장하는 것으로 보아 그 이전부터 염색이 발달했을 것으로 생각된다. 고려 시대의 관료를 묘사한 경기 파주 서곡리 고분벽화와 국보 제46호 부석사 조사당 벽화를 그 예로 들 수 있다. 조선 시대에는 각종 천연염색을 통해

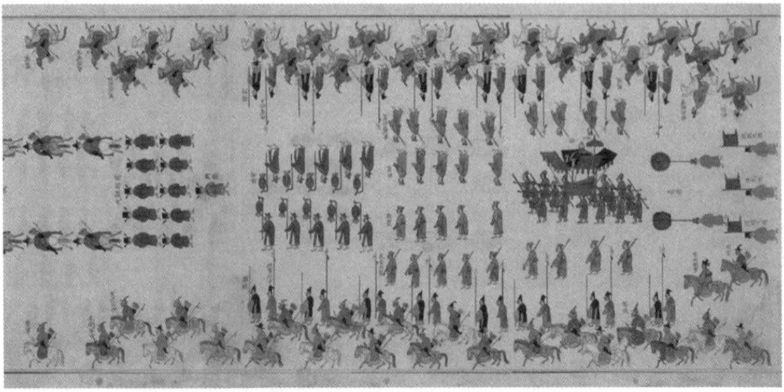

〈영조 정순왕후 가례 반차도〉(1759년)(출처: 『조선왕조 의궤』)

한복을 염색하였다. 조선 영조 시대에 그려진 〈가례 반차도〉를 보면 붉은색, 노란색, 청색, 주황색, 녹색 등 다양한 관복이 그려져 있어 염색 기술이 상당히 발달했음을 알 수 있다.

염색을 하기 위해서는 우선 정련(精練) 과정을 통해 섬유 이외의 불순물을 제거한다. 섬유를 비누나 합성세제, 수산화나트륨, 탄산나트륨 용액에 넣고 가열한다. 면이나 마의 경우는 베틀에서 섬유를 짤 때 사용된 전분 성질의 풀을 제거해야 하는데, 전분 분해효소를 이용하여 제거하거나 뜨거운 물에 담가 제거한다. 염색의 효과를 극대화하기 위해 화학약품을 넣어 탈색을 유도하는 표백(漂白)이 필요하기도 하다. 다음은 염색 단계로, 침염(浸染)과 날염(捺染)으로 나눌 수 있다. 침염은 염색액에 섬유를 담그는 것이고 날염은 기구에 염료를 묻혀 섬유에 찍어서 색깔과 무늬를 내는 것이다. 염색 단계를 거친 섬유는 착색(着色) 과정에 들어가게 된다. 이 과정은 섬유 속에 염료를 굳혀 빛깔을 내면서 표면에 붙은 염료를 씻어 내는 과정이다. 침염한 섬유는 비누액으로 가열하고 날염한 섬유는 증기 처리를 통해 발색을 높인다.

염색에서 주의할 점은 섬유에 따른 염료 선택이다. 비단이나 양모와 같은 섬유는 단백질로 되어 있어 염기성을 띠기 때문에 산성의 염료를 사용해야만 염료가 섬유와 잘 결합하여 염색된다. 무명이나 삼베, 모시와 같은 식물성 섬유는 중성이며 섬유소를 구성하는 셀룰로스에 수산기가 많이 있어 염료 분자와 수소결합을 하는 경우가 많다. 그러나 수소결합은 결합력이 약하여 잘 떨어지기에 염색이 오래가지 않는다. 염료를 섬유에 단단히 붙이고자 한다면 매염제를 사용하여야 한다. 석유화학 제품으로 생산되는 합성섬유는 대부분 소수성을 가지기 때문에 염료도 소수성의 염료를 사용하여야 한다. 그러나 소수성 염료는 물에 잘 녹지 않기 때문에 염료를 물에 분산시키면서 섬유와 섞어서 열을 가하면 염료 분자가 섬유 속으로 녹아든다. 염색은 주로 뜨거운 물에서 하는 경우가 많은데, 고온에서는 섬유 사이의 공간이 넓어지면서 염료가 잘 스며들고 화학반응도 잘 일어나서 염료가 섬유에 달라붙어 잘 떨어지지 않는다.

한반도에서는 다양한 천연염색이 발달하였다. 천연염색은 자연스러운 색감과 환경 친화적인 제작 방법을 통해 인체에 해롭지 않다는 장점이 있다. 우리의 전통적인 천연염색은 음양오행의 영향을 받아 오방색을 표현하는 염색이 발달하였다. 노란색은 치자, 붉은색은 홍화(이꽃)나 소목을 이용하였으며 연갈색은 땡감, 검은색은 그을음, 청색은 쪽을 이용하여 염색한다. 염색에 사용되는 염료들은 한방 재료로부터 나온 것이 많기에 천연염색으로 색을 낸 섬유는 피부병 치료 및 혈액순환 개선에 도움을 줄 수 있다. 실제로 아토피가 있는 사람의 경우 화학섬유 및 화학염색된 옷을 입기보다는 천연염색을 한 전통섬유로 만든 옷을 입기도 한다.

매염제(媒染劑)는 염료를 섬유에 단단히 부착시켜 발색을 촉진하는 물질이다. 염색에 사용되는 천연매염제에는 백반(금속염의 일종), 석회, 식초, 잿물, 오미자초, 철장액(무쇠를 우려낸 물), 콩즙 등이 있다. 같은 염료를 사용하더라도 매염제를 달리하면 다양한 색을 낼 수 있는데, 소목을 사용하는 염색에서 매염제의 역할을 볼 수 있다. 소목으로 염색할 때 석회를 매염제로 쓰면 다홍색을 낼 수 있고 매염제를 쓰지 않으면 옅은 분홍색을 낼 수 있다. 잿물을 사용하면 짙은 분홍, 백반을 사용하면 주황색의 옷감을 얻을 수 있다. 소목 염색이 이렇게 다양한 색을 내는 원인은 소목에 함유된 안토시아닌 때문이다. 식물성 폴리페놀의 하나인 안토시아닌은 식물의 잎, 열매, 꽃잎이 붉은색이나 청색, 자주색을 띠게 한다. 한 가지 물질이 이렇게 다양한 색을 낼 수 있는 이유는 산성도에 따라 색이 달라지는 특성 때문이다. 블루베리와 같은 베리 종류에 많이 함유된 안토시아닌은 항산화 효과를 내기도 하고 단풍의 울긋불긋한 색을 내기도 하는데, 가을날 일교차가 클수록 안토시아닌이 많이 만들어지기에 단풍이 더욱 곱게 든다.

갈옷은 땡감을 이용하여 염색한 무명옷으로, 제주도 등지에서 일옷이나 평상복으로 많이 입는다. 제주도 지역의 감은 타닌 성분이 특히 많아 염색이 더 잘된다고 한다. 땡감으로 염색된 갈옷은 천이 아주 질겨지면서 먼지나 때가 잘 타지 않는다. 갈옷은 또한 몸에 잘 감겨 붙지 않고 비를 맞아도 젖지 않으며 통기성이 좋아 땀 냄새가 옷에 배지 않는다. 타닌 성분이 방부제로도 작용하여 오래 두어도 벌레가 생기지 않아 일옷으로 적합하다.

갈옷의 이러한 특성은 청바지와 대조적이다. 청바지는 무명천을 인디고 파랑(Indigo blue, 청람)으로 염색한 것으로, 이 염료는 '인디고'라는 아메리카 원산의 식물에서 얻는다. 청바지는 야외 노동자들이 즐겨 입었는데, 그 이유는 모기를 쫓는 효과가 있기 때문이었다. 이후 해군 사병들이 즐겨 입기 시작했고 1960년대에 미국의 젊은이들이 입기 시작하면서 전 세계로 퍼져 나갔으며 현재는 작업복이나 평상복으로 많이 입는다. 같은 무명으로 제작한 청바지는 갈옷과는 다른 특성을 가진다. 우선 신축성이 떨어지고 비에 잘 젖기 때문에 땀을 흘리거나 비를 맞으면 무겁게 느껴진다. 또한 겨울에 바람이 불면 차갑게 느껴진다.

청바지에 사용되는 염색과 유사한 우리의 전통 염색법은 쪽물을 이용한 염색이다. 청출어람청어람(青出於藍青於藍)이라는 용어는 '쪽에서 나온 푸른색이 쪽보다 더 푸르다'는 뜻을 지닌다. 쪽이라는 식물(쪽풀)은 보통의 초록색 식물임에도 불구하고 쪽풀에서 나온 염료로 염색한 천은 초록색이 아닌 진한 파란색을 띤다는 것을 강조한 말이다. 쪽풀에는 '인디칸'이라는 물질이 많이 함유되어 있는데, 이것을 청람(青藍, 인디고 파랑)으로 바꾸는 과정에 발효가 관여한다.

쪽물 염색의 과정은 우선 쪽풀을 재배하여 수확하는 것으로부터 시작된다. 쪽잎을 물에 담가 두면 인디칸이 우러나온다. 이를 쪽물이라 하는데, 여기에 석회 가루를 넣어 주면 석회가 색소를 빨아들이면서 가라앉는다. 이를 니람(泥藍)이라 부른다. 석회 가루는 굴이나 꼬막 껍질을 가마에 구워 갈아 만든다. 다음 단계로 니람에 잿물과 곡물 촉진제(막걸리 혹은 누룩을 사용하는데 시동배양을 위해 넣는다)를 섞어서 옹기에 담아 발효 및 숙성한다. 발효가 일어나면서 미생물이 자라기 시작하고 곡물 촉진제를 먹이 삼아 그 수가 늘어난다. 미생물들은 니람에 들어 있는 인디칸을 백람(白藍, indigo white)으로 변환시킨다. 백람은 무색 혹은 노란색 염료로서, 염색에 직접 사용된다. 백람으로 염색된 섬유를 씻어 말리는 과정에서 공기 중의 산소에 의해 백람이 산화되면서 청람으로 바뀐다. 산화가 진행됨에 따라 섬유의 색은 황토색에서 초록색을 거쳐 파란색으로 바뀌게 된다.

4

가정에서 찾아보는 과학 이야기

Q.

01 현재의 결혼문화에는 어떤 과학적 지식이 숨어 있을까?

02 남녀의 차이를 만들어 내는 생물학적·사회학적·진화적 원인은 무엇일까?

03 반려견은 어떻게 인간과 친밀한 사이가 되었을까?

결혼문화

결혼을 문화적인 시각에서 해석하면 남녀 간 사랑의 완성 혹은 두 세력 간의 화합과 협력을 유발하는 행위로 볼 수 있다. 사회적인 의미의 결혼은 사랑과 신뢰를 토대로 생활 전체를 공동으로 영위하는 관계의 성립이다. 생물학적으로 해석하면 종으로서의 인류를 보존하기 위한 성적 관계의 성립, 자손 생산을 통한 DNA 전달 및 종의 다양성 유발의 한 방법이라 생각할 수 있다. 법률적으로는 부부의 권리를 누리고 의무를 다하겠다는 일종의 계약이라고 할 수 있다.

사람의 결혼문화에서 어떤 과학적인 측면을 발견할 수 있을까? 당연한 이야기지만 자손을 낳기 위해서 결혼은 다른 성을 가진 사람들끼리 해야 한다. 이성 간의 결합에 의한 자손 생산 방식을 유성생식이라 부르는데, 이는 박테리아나 일부 하등생물이 암수의 구분 없이 체세포 일부가 떨어져서 새로운 개체를 만드는 무성생식과 대비된다. 무성생식과 비교하면 유성생식은 어떤 장점이 있는 걸까? 유성생식을 하는 종이든 무성생식을 하는 종이든 중요한 것은 변화하는 환경에 맞추어 새로운 개체를 다양하게 만들어 내는 능력이 종의 생존 및 진화에 유리하다는 것이다. 다양한 개체 중에서 변화한 환경에 가장 적합한 개체가 살아남으면서 개체군의 유전자 구성이 변화하게 되고 이것이 축적되면서 진화가 이루어진다.

유성생식을 하는 사람은 두 세트의 염색체를 가지지만 무성생식을 하는 박테리아는 한 세트의 유전자가 하나의 염색체에 배열해 있다. 박테리아가 변화하는 환경에 대처하는 방법은 빠른 성장 속도이다. 영양분이 적절하기만 하면 박테리아는 20분에 한 번씩 분열할 수 있으며, 이러한 빠른 분열 속도로 인해 염색체 복제가 빈번하게 일어나면서 돌연변이가 축적되고 이것이 유전체의 변화를 이끌어 낸다. 돌연변이는 DNA 복제 과정에서 일정한 빈도로 일어나기에 복제를 많이 하면 할수록 돌연변이가 많이 일어나는 셈이 된다. 그렇다고 돌연변이가 무조건 좋은 것은 아니다. 대부분의 돌연변이는 기존의 생명체 기능을 향상하기보다는 결함을 일으키는 경우가 많다. 하지만 돌연변이 중에는 아주 낮은 확률로 기능을 향상하거나 변화한 환경에 적합한 변이를 일으키는 것들이 있다. 돌연변이 이외에도 박테리아 사이에 유전물질을 교환하여 새로운 유전적 조합을 만들어 내면서 변화하는 환경에 적응하기도 한다. 따라서 박테리아의 진화는 빠른 성장을 통한 돌연변이의 축적, 유사한 종의 박테리아 사이의 유전물질 교환 등의 방법을 통해 새로운 유전적 다양성을 만들어 내는 능력에 기반한다.

반면, 사람이나 포유류와 같이 한 세대에 수년에서 수십 년의 시간이 필요한 종들은 어떤 방법을 써서 변화하는 환경에 대응하며 진화할까? 이들의 유전체는 두 개의 염색체 세트를 가지고 있어 2배체(2n)라 불리며, 생식세포가 만들어 내는 정자와 난자는 염색체 한 세트를 가진 반수체(n)로서 배우자(gamete)라 부른다. 난자와 정자의 결합으로 탄생하는 2세는 부모로부터 받은 반수체의 유전체를 합하여 다시 2배체의 개체가 된다. 만약 사람의 유전체가 박테리아의 유전체처럼 하나의 염색체에 존재한다면 남성 한 명이 만들어 내는 정자는 두 가지만 가능하다. 여성 한 명이 만들어 내는 난자도 두 가지만 가능하므로 부부 한 쌍이 결혼하여 탄생하는 2세는 유전체의 조합이 네 가지 중 하나일 것이다. 이렇게 해서는 다양성 만들기에 도움이 되지 않는다. 다행히 사람의 유전체는 23개의 염색체로 나뉘어 있고, 배우자를 만들 때 각각의 염색체가 독립적으로 전해지기 때문에, 부부 한 쌍이 만들어 내는 2세의 조합은 무한대에 가까워진다. 물론 이러한 과정 중에 돌연변이도 일어난다. 이러한 생식 방법은 새로운 조합의 유전체를 가진 다양한 자손을 만들어 내고, 이 중에서 변화하는 환경에 잘 적응하는 개체가 살아남아 후대에 유전자를 다시 전해 주게 된다. 결론적으로 무성생식을 하는 박테리아는 빠른 번식과 이로 인한 돌연변이에 의존하여 진화하는 반면 유성생식을 하는 생물들은 돌연변이도 진화에 관여하지만, 그보다는 유성생식을 통해 새로운 조합의 유전체를 가진 다양한 개체를 만들어 내는 방식으로 진화한다. 이러한 유성생식의 방식은 현재 지구상에서 활동하는 다양한 거대 생물 종의 진화에 크게 이바지해 왔다.

유성생식의 역할에 대한 다른 관점의 해석도 있다. 유성생식은 기생충이나 바이러스에 의해 끊임없이 변형되는 우리의 유전체를 원래 모습대로 간직하도록 한다는 것이다. 우리는 태어나면서부터 끊임없이 수많은 박테리아, 기생충 또는 바이러스에 의해 공격을 받고 일부 바이러스나 기생충은 아예 우리 세포 안으로 들어와 살림을 차리기도 한다. 바이러스 중에는 자신의 유전체를 숙주(宿主)의 유전체에 삽입하여 숙주의 유전체인 양 행동하는 것들이 있다. 어릴 때 많이 걸리는 수두에 한 번 감염되면 치료가 되어도 수두 바이러스가 완전히 없어지지 않고 신경세포에 숨어든다. 만약 중년이 된 숙주가 어느 날 면역력이 약화되면 숨어 있던 수두 바이러스는 신경세포를 따라 피부로 나와 다시 활동을 시작한다. 이 질병이 바로 대상포진이다. 기생충이나 박테리아에 의한 공격 또한 우리 몸의 세포를 변화시킨다. 우리 몸의 각종 세포는 다양한 감염균의 공격을 받아 유전체가 변형되기도 하고 암 발생이나 노화와 같은 과정을 거치면서 유전체가 망가질 수도 있다. 반면에 몸속 깊숙이 보관된 생식세포들은 이러한 질병과 노화로 인한 변화에 상대적으로 자유로워 생식세포들이 만들어 내는 정자와 난자는 상하지 않은 우리 유전체의 원본을 간직하고 있는 셈이 된다. 나이 든 몸에서 발견되는 변형된 유전체를 버리고 정자와 난자의 결합으로 만들어지는 2세는 깨끗한 상태의 유전체를 가지고 다시 시작하는 셈이다. 이것은 마치 장시간 사용과 바이러스 감염으로 컴퓨터의 속도가 느려지면 껐다가 다시 켜는 행위에 비견된다.

사람의 유전체에 존재하는 3만여 개의 유전자들은 23개의 염색체에 흩어져 있다. 사람은 2배체이므로 1번 염색체의 정중앙에 있는 유전자는 아버지에게서 받은 1번 염색체와 어머니에게서 받은 1번 염색체에 각각 하나씩, 총 두 개가 존재하는 셈이다. 이처럼 같은 위치에서 발견되는 두 개의 유전자를 대립유전자(혹은 대립형질)라 한다. 한 개체가 가지고 있는 한 쌍의 대립유전자가 서로 같을 경우를 동형접합, 서로 다를 경우를 이형접합이라 한다. 이형접합일 때 겉으로 나타나는 대립유전자를 우성이라 하고 아닌 것을 열성이라 한다.

세계 각국의 결혼 풍습은 다양한 형태를 띠지만 공통적인 것은 가족 혹은 가까운 친척 간의 결혼은 바람직하지 않은 것으로 생각하고, 될 수 있으면 혈연관계가 없는 사람과 결혼하려는 것이다. 근친혼을 꺼리는 문화적인 이유는 가족 간의 역할에 혼란이 오는 것을 방지하여

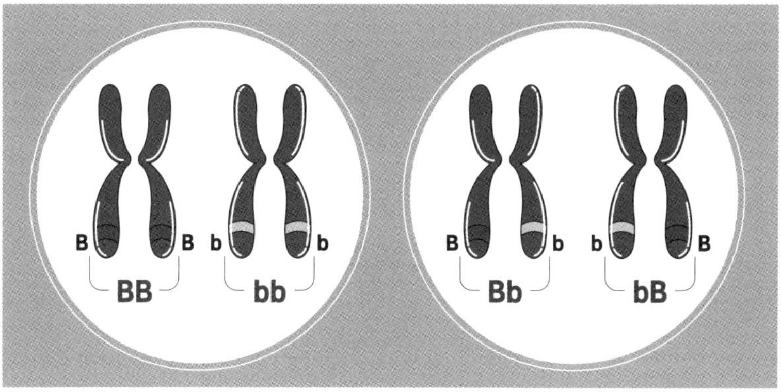

동형접합(좌)과 이형접합(우) 비교

가족의 통합을 유지하는 것이다. 그러나 좀 더 근본적인 이유는 생물학에서 찾을 수 있다. 앞서 우리의 유전체는 2배체로 구성되어 있다고 하였는데, 2배체의 장점은 한쪽 대립유전자에 돌연변이가 생겨 기능을 못하더라도 다른 쪽 대립유전자가 정상적으로 기능을 한다면 개체의 생존에는 큰 문제가 없다는 것이다. 물론 이러한 장점이 발휘되려면 이들 대립유전자는 이형접합이어야 한다. 혈연관계가 없는 사람과 결혼한다면 이형접합의 가능성이 커진다. 반면에 근친혼의 경우는 동형접합의 가능성이 커진다. 만약 생존이나 건강에 치명적인 결함을 유발하는 유전자가 근친혼으로 인해 동형접합이 된다면 어떤 일이 벌어질까? 두 개의 대립유전자가 모두 불완전한 기능을 가지므로 개체의 발달, 생존, 건강 등에 문제가 발생하게 된다.

유전자의 기능에 따라 또는 유전자 손상의 범위에 따라 결함 유전자의 동형접합은 치명적일 수도 있고 유전병 발생으로 이어질 수도 있다. 우리 유전체에는 결함이 있는 유전자의 비율이 상당히 높은 편이다. 확률상 배우자(정자 혹은 난자)에 존재하는 유전자 중에 발생 과정에서 치명적인 결함을 일으키는 유전자는 4~8개, 발생은 정상적으로 일어나더라도 유전병을 일으키는 유전자는 100개가 넘는다고 한다. 따라서 정자와 난자의 결합으로 만들어지는 수정란에서 대립유전자의 조합이 어떠하냐에 따라 성숙한 개체로의 분화 가능성이 결정된다. 만약 발생에 치명적인 유전자가 동형접합이라면 그 수정란은 정상적인 개체로 발생할 수 없다. 만약 유전병을 일으킬 수 있는 유전자가 동형접합이라면 발생은 정상적으로 일어나더라도 그 개체는 건강한 삶을 영위할 수 없다. 물론 모든 유전병이 결함 유전자의 동형접합으로 발생하는 것은 아니다. 일부 유전병 유전자 중에는 대립유전자 두 개 중 하나만 있어도 우성으로 작용하여 질병을 일으키는 것도 있지만 여기서는 논외로 한다.

결과적으로 유전체에서 동형접합의 비율이 높으면 높을수록 그 개체의 정상적인 발생이나 활동의 가능성은 작아진다. 만약 가족이나 가까운 친척 간에 결혼이 이루어진다면 동형접합의 비율이 높아지면서 2세의 정상적인 발육이나 생존에 문제가 생기는 것은 당연한 결과라 하겠다. 실제로 유럽의 한 나라에서 아버지, 형제 혹은 아들과 성관계를 맺은 여성들을 조사한 연구 결과를 보면, 태어난 아이들 160여 명 중 10%가 사산되거나 생후 1년 내 사망하였고, 40% 이상은 정신장애, 왜소증, 기형 등의 신체적·정신적 장애가 발생하였다. 반면에 이들 여성이 혈연이 없는 남자와의 성관계를 통해 출산한 95명의 아이를 분석한 결과, 사산 혹은 생후 1년 내 사망은 5% 이하였으며 신체적 장애 또한 5% 이하였고 정신적 장애는 관찰되지 않았다. 세계사에서 볼 수 있는 몇몇 왕조의 경우, 왕의 순수한 혈통을 유지한다는 목적 아래 근친혼이 행해지면서 왜소증을 포함한 유전병이 증가하였다.

근친혼을 피해야 하는 이러한 생물학적 원인은 진화를 거치면서 인간의 행동을 조정하게 된다. 예를 들어 근친혼을 허용하는 그룹과 허용하지 않는 그룹이 있다면, 근친혼을 허용하는 그룹은 자손의 건강에 문제가 발생하여 그 수가 점점 줄어들 것이다. 반대로 근친혼을 허용하지 않는 그룹은 더 건강한 자손을 낳게 되기에 그 숫자가 늘어나면서 근친혼을 허용하지 않는 성향이 강화된다. 근친혼 기피의 성향이 다음 세대로 유전되고 이러한 성향은 세월이 지날수록 전체 개체군에서 확산되면서 급기야는 유전체에 아로새겨지는 것이다. 태어나기 전부터 어떤 행동이 몸에 새겨진 것을 본능이라고 한다. 학술적으로는 각인이라 하는데, 대표적인 예로는 갓 태어난 오리가 처음 보는 대상을 어미라 생각하고 졸졸 따라다니는 것이나, 탁란(托卵)으로 태어난 뻐꾸기의 새끼가 나자마자 주변의 다른 알들을 둥지 밖으로 밀어내는 행위 등을 들 수 있다.

사람들이 배우자의 선택에 있어 동형접합을 피하도록 하는 본능적인 행동에는 어떤 것이 있을까? 어린 시절 여섯 살이 될 때까지는 함께 자란 이성들 간에 자동으로 성적 회피가 발생한다. 남매는 어릴 때 사이가 나쁜 경우가 많은데, 이는 근친 간의 애정을 방해하는 유전자의 명령으로 인해 일어나는 현상일 수 있다. 이러한 동년배 간의 성적 회피는 한 가족이 아니라도 어린 시절을 같이 보내면 자동으로 발생하게 된다. 이스라엘의 공동농장 키부츠를 그 예로 들 수 있다. 하나의 키부츠는 20명에서 2,000명의 구성원으로 이루어지며 이스라엘에 약

200개가 존재한다. 키부츠에서 조사된 3,000여 쌍의 부부 중 태어날 때부터 같은 키부츠에서 자란 이성 간의 결혼은 관찰되지 않았고, 심지어 같은 키부츠에서 자란 이성 간의 성관계도 관찰되지 않았다고 한다.

앞에서 언급한 생물학적 이유로 인해 근친상간이나 근친혼을 금기시하는 문화가 형성되었을 것이다. 이를 생물학적 원인에 대한 문화적 적응이라 볼 수 있다. 생물학적 이유로 근친혼을 금기시하는 문화가 형성되었고, 이를 합리화하는 과정에서 근친혼은 가족 간 역할에 혼란을 가져와 가족의 통합을 저해한다는 관념이 생겨났다. 더 나아가 결혼은 다른 세력 간의 화합을 가져와 사회의 성숙 및 통합에 도움이 된다는 합리화 과정을 거치게 되는데, 이것은 문화적 적응에서 한 걸음 더 나아가 문화적 진화라고 해석할 수 있다.

MHC(주조직적합복합체)

인간의 유전자는 약 3만 개로 추정되며, 이 중에서 대립유전자의 숫자가 가장 많은 유전자는 MHC이다. MHC를 이해하려면 MHC가 어떻게 발견되었는지 알아야 한다. 멘델의 유전학적 발견들이 재평가되면서 20세기 초반부터 유전학 연구가 급속도로 진행되었다. 완두콩과 유사한 콩과 식물에서 시작하여 초파리와 같은 곤충, 예쁜 꼬마선충이라 불리는 벌레, 곰팡이, 박테리아 등이 연구 대상이 되었다. 멘델의 완두콩 실험이 성공할 수 있었던 이유 중 하나는 완두콩의 특정 표현형(노란색 혹은 푸른색과 같은 콩의 색깔을 예로 들 수 있다)의 순수혈통을 만들었기 때문이다. 일부 유전학자들이 생쥐를 이용한 연구를 시작하면서 순수혈통의 생쥐를 만들기 위해 노력했다. 순수혈통의 생쥐는 한 부모의 생쥐에게서 태어난 자손들에서 암수를 골라 근친교배하여 만들어 내는데, 이러한 방식의 교배를 계속하면 대를 거듭할수록 동형접합의 비율이 증가하면서 궁극적으로는 100%의 유전자가 동형접합인 순수혈통의 생쥐를 만들 수 있다. 순수혈통의 생쥐가 만들어지면 이들의 교배로 태어나는 생쥐는 부모나 자손에 상관없이 모두 정확하게 같은 유전적 배경을 가지게 되므로 유전학적 연구에 많은 도움이 되었다.

순수혈통의 생쥐가 만들어진 후 과학자들은 이식에 관련된 실험을 했다. 우선 같은 순수혈통에 속한 쥐를 대상으로 피부를 이식해 보았다. 공여자(피부를 제공한 쥐)의 피부는 수용자(피부 이식을 받은 생쥐)에게서 성공적으로 살아남았다. 이러한 결과는 당연한 것으로, 마치 유전적 배경이 같은 일란성 쌍둥이 중 한 명의 장기를 다른 한 명에게 이식하는 것과 같다. 그런데 문제는 A라는 순수혈통 생쥐에게서 분리한 피부를 B라는 순수혈통 생쥐에게 이식하니 거부반응이 일어나 이식된 피부가 살아남지 못했다는 것이었다.

같은 순수혈통 생쥐 사이의 이식이 성공했던 이유는 공여자와 수용자 간의 유전자들이 정확히 같았기 때문이고, 다른 순수혈통 생쥐 사이의 이식이 실패했던 이유는 공여자와 수용자 사이에 유전적 차이가 있었기 때문이다. 따라서 유전학자들은 거부반응을 일으키는 원인 유전자를 찾기 시작했고 장기간의 연구로 찾아낸 것이 바로 MHC이다. 이것은 우리말로 '주조직적합복합체'라 부르는데, 그 이유는 이식의 성공 여부, 즉 조직의 적합성을 결정하는 데 있어 주된 작용을 하는 유전자군이기 때문이다. 유전자를 찾고 보니 조직적합성을 결정하는 유전자는 하나가 아니었고 여러 개가 하나의 염색체 부위에 몰려 있었기에 복합체라 부르게 되었다. MHC가 생쥐에서 발견된 이후 이와 유사한 유전자군이 사람에게서도 발견되었다. 이들 유전자가 발현되면 단백질이 만들어지는데, 이를 MHC 분자라 부른다. 사람의 경우 이들 중에서 대략 6개의 유전자가 만들어 내는 MHC 분자들이 이식의 성공과 실패 여부를 결정한다. 이들은 기능적으로 다시 세분화할 수 있지만 여기서는 구분하지 않고 설명하고자 한다.

MHC 분자들이 장기이식의 성공 여부를 결정하는 이유는 무엇일까? MHC의 대립유전자 숫자가 너무나 많아서 MHC 분자의 조합이 같은 사람을 찾기 어렵기 때문이다. MHC 유전자는 대립유전자의 수가 다른 일반적인 유전자들에 비하여 월등히 많다. 각각의 MHC 유전자는 수백에서 수천 개에 이르는 대립유전자를 가지고 있으며, 유전학자들은 이를 '다형성이 크다'라고 표현한다. MHC 분자의 유전자들이 많은 수의 대립유전자를 가지는 이유는 MHC 분자의 기능과 관련이 있다. 대식세포와 같은 면역세포는 MHC 분자를 많이 발현하는데, 외부에서 침입한 병원균을 잡아먹은 대식세포는 병원균을 파괴한 다음 병원균 조각(항원이라 한다)을 MHC 분자에 붙여 세포막에 전시한다. 면역세포의 일종인 T-세포는 대식세포 표면에 전시된 MHC 분자와 병원균 조각을 T-세포 수용체를 통해 인식하고 병원균을 파괴하는 여러 가지 면역반응을 일으킨다.

우리 몸에 침투하는 병원균은 수천 가지가 넘기 때문에 한 가지 MHC 분자로 그 많은 병원균의 조각을 전시하기에는 한계가 있다. 좀

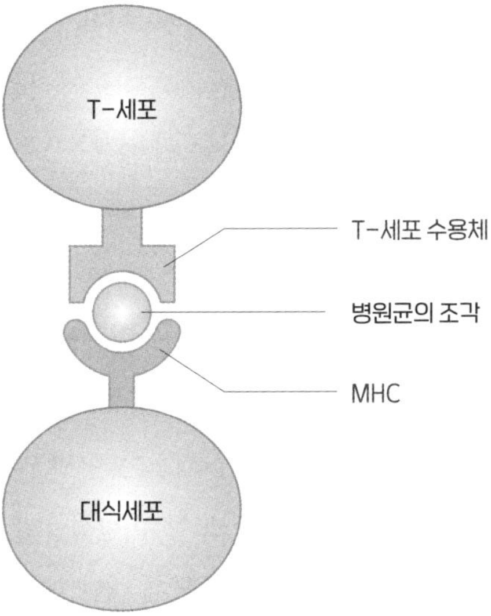

MHC와 T-세포 수용체의 상호작용

과장된 것이기는 하지만 가상의 두 집단을 생각해 보자. 첫 번째 집단은 MHC 유전자의 다형성이 크고 다른 한 집단은 그렇지 않다. 어떠한 새로운 병원균이 출현했을 때, MHC 유전자의 다형성이 큰 집단에는 그 새로운 병원균의 조각을 전시할 수 있는 MHC를 가진 사람들이 있을 것이고 그들은 생존할 것이다. 반대로 MHC의 다형성이 크지 않은 집단은 새로운 병원균을 전시할 만한 MHC를 가진 사람이 없어 모두가 사망하여 그 집단은 절멸된다. 이러한 이유로 MHC 유전자의 다형성이 큰 것은 집단의 생존에 유리하다.

문제는 인간은 2배체이기에 대립유전자가 수백 가지라 할지라도 두 개(이형접합의 경우) 혹은 하나(동형접합의 경우)의 대립유전자밖에 가지지 못한다는 것이다. 수백 개의 대립유전자를 가진 집단의 수준에서 본다면 누군가 살아남아 집단의 정체성을 이어 가겠지만 개인적인 수준에서 보면 한 개 혹은 두 개의 대립유전자를 가지고 있어 생존에 불리하다. 이에 대한 해결책으로 등장한 것이 첫째는 유전자의 숫자 자체를 늘리는 것이고, 둘째는 열성을 없애고 공동 우성의 성질을 가지게 하여 이형접합이면 두 대립유전자의 MHC 분자가 모두 발현되도록 하는 것이다. 진화의 과정 중에 MHC 분자 유전자는 그 숫자가 증가해 왔다. 그 결과 사람의 유전체에는 이식의 성공 여부를 결정하는 6개의 MHC 유전자가 존재한다. 사람의 대식세포는 이제 많은 종류의 MHC를 발현할 수 있고 6개의 유전자가 모두 이형접합이라면 12가지 다른 MHC 분자를 만들어 낼 수 있어 미생물에 대한 대응력이 높아진다.

그렇다면 장기를 이식받고자 할 때 어떤 기준으로 공여자를 선택해야 할까? 장기이식 공여자와 수용자의 MHC 분자들이 같을수록 이식 성공률이 높아지므로 되도록이면 MHC 분자의 조합이 같아야 할 것이다.(각막과 같이 MHC에 상관없이 장기이식을 할 수 있는 경우도 있으나 논외로 한다) 사람은 6개의 MHC 유전자를 가지며 각각의 MHC 유전자에는 큰 다형성이 존재하므로 사람마다 MHC 분자의 조합은 다를 가능성이 크다. MHC 유전자는 멘델 유전학의 원칙에 따라 유전되기에 가족이나 친척 사이는 MHC 조합이 더 유사할 것이고, 같은 이유로 일란성 쌍둥이는 MHC 조합이 같을 것이다. 따라서 장기를 이식받고자 할 때는 가족이나 가까운 친척 중에서 공여자를 먼저 찾아보는 것이다.

다음으로는 MHC의 이러한 특성이 결혼과 어떤 관련이 있을지 생각해 보자. 우리의 결혼문화는 될 수 있으면 혈연관계가 먼 사람과 결혼하도록 진화해 왔다. MHC의 다형성이 크다는 것을 고려하면 대부분 사람의 MHC 유전자들은 이형접합일 가능성이 크다. 우연히 MHC가 유사한 사람끼리 결혼한다면 2세의 MHC 유전자에서 동형접합의 비율이 증가하면서 질병에 대한 방어력이 감소할 것이다. 이러한 이유로 사람은 진화의 과정을 거치면서 배우자를 고를 때 MHC가 다른 사람을 확인하는 방법을 무의식적으로 개발해 내었다. 눈에 보이지 않는 MHC의 차이를 어떻게 감지할 수 있을까? 이에 대한 해답으로 몸에서 발산되는 체취를 지목하는 연구 결과들이 있다. 1995년 스위스 연구진은 땀과 체취가 묻은 남성의 티셔츠를 여성에게 주어 냄새를 맡아 보고 마음에 드는 짝을 고르게 하였다. 이후 티셔츠로 이어진 여성과 남성을 분석해 보니 MHC의 차이가 큰 경우가 많았다. 그 반대의 실험(남성이 여성의 체취를 통해 짝을 고르는 실험)은 성공적이지 않았다. 그 이유는 여성의 후각이 더 예민하기 때문이다. 그럼 MHC의 차이가 어떻게 체취에 반영되는 것일까? 그에 대해서는 아직도 확실한 이유를 찾지 못하고 있다.

남녀의 차이

남녀는 신체적으로 차이가 있을 뿐만 아니라 생리학적으로도 매우 다르다. 남성은 테스토스테론을, 여성은 에스트로겐을 호르몬으로 분비하며 약물의 반응성에서도 남녀의 차이가 존재한다. 남녀는 평균수명뿐만 아니라 질병 발생률 및 기근과 재난을 겪을 때 생존율 또한 다르다. 남녀의 차이는 어디에서 오는 걸까? 이것에 대한 간단한 대답은 X와 Y의 성염색체에서 온다는 것이다. 남성은 XY의 염색체 조합을,

여성은 XX의 염색체 조합을 가진다. X 염색체에는 1,100여 개의 유전자가, Y 염색체에는 80여 개의 유전자가 존재한다. 그런데 Y 염색체에서 남녀의 성적인 차이에 관련된 유전자는 두 개뿐이라 한다. 진화적으로 볼 때 X 염색체는 안정된 가운데 끊임없이 변화하지만 Y 염색체는 크게 변화하지 않는 것으로 보아 먼 훗날에는 Y 염색체가 도태되어 없어질지도 모른다고 말하는 학자들도 있다.

XY 성염색체를 이용한 암수 구분은 영장류를 포함한 포유류에서 주로 발견된다. 조류의 경우 ZW 염색체를 가지면 암컷, ZZ 염색체를 가지면 수컷이 되고, 메뚜기는 XX 염색체이면 암컷, X 염색체이면 수컷이 된다. 같은 곤충이지만 벌이나 개미는 2배체이면 암컷, 반수체이면 수컷이 되는 등 종에 따라 암수 구분의 생물학적 방식이 다르다.

사람의 X와 Y의 성염색체는 어떻게 남녀의 차이를 만들어 낼까? Y 염색체에는 남성으로의 발생에 직접적으로 관여하는 유전자가 아니라 남성으로의 발생을 유도하는 조절유전자가 있다. Y 염색체에서 발현되는 SRY(sex-determining region Y)라는 단백질은 TDF(testis-determining factor)라고도 불리는데, 이 단백질이 하는 일은 남성성의 형성에 필요한 유전자들이 발현되도록 조절하는 것이다. 남성성의 형성에 실제로 필요한 유전자들은 Y 염색체에 있지 않고 다른 상염색체에 흩어져 있다. 임신 8주 차부터 발현되기 시작하는 TDF는 고환의 형성과 테스토스테론의 발현을 유도함으로써 태아가 남성으로 발생하고 분화되도록 한다. 따라서 여성의 유전체는 남성과 여성으로 자라나는 데 필요한 청사진을 모두 가지고 있고, 기본적으로는 여성으로 자라나지만 Y 염색체가 있어 TDF라는 조절유전자가 발현되면 남성으로 자라나게 되는 것이다.

여성은 두 개의 X 염색체, 남성은 하나의 X 염색체를 가지기 때문에 남성은 X 염색체에 연관된 질병에 취약하다. 여성은 두 개의 X 염색체를 가지므로 만약 한쪽 X 염색체에 기능 이상이 발생한 대립유전자가 있다고 하더라도, 이형접합이라면 다른 한쪽 염색체의 대립유전자가 이를 보완해 줄 수 있다. 그러나 남성은 그렇지 못하므로 어머니에게 숨어 있던 유전병 유전자가 그 아들에게 유전된 경우 유전병이 바로 발생한다. 영국의 왕실에서 시작되어 유럽의 왕가로 퍼져 나간 혈우병이 그 대표적인 예라고 할 수 있다.

여성은 일반적으로 남성보다 수명이 길어서 세계적으로 보면 평균수명이 4년 정도 차이 난다. 한국은 특히 그 차이가 커서 6년 정도 차이가 난다고 한다. 이러한 수명 차이는 여러 가지 요인에 의해 발생할 수 있다. 우선 앞에서도 설명하였듯이 여성은 두 개의 X 염색체를 가지고 있어 이형접합의 경우 한쪽 염색체의 유전자 이상을 다른 염색체의 유전자가 보완해 줄 수 있지만, 남성은 X 염색체가 하나만 있어 여아보다 유산 가능성이 높고, 감염, 선천적 결함, 암 등 많은 질병에 더 취약하다. 또한 남성은 사회적으로 흡연과 음주의 기회에 더 많이 노출되고 군인, 소방관, 선원, 경찰관, 건설 노동자, 농부와 같이 상대적으로 위험한 직업을 가진 경우가 많으므로 남성의 평균수명이 여성에 비해 짧을 수밖에 없다. 여성은 나이가 들어도 친구와 가족 간의 관계를 잘 유지하는 반면, 남성은 직장에서 은퇴하면 사회적인 관계가 줄어들면서 스트레스에 더 많이 노출되는 경향이 있다. 이러한 차이가 남녀의 평균수명 차이로 나타난다고 할 수 있다. 특기할 것은 여성이 남성보다 자가면역질환에 더 잘 걸린다는 것이다. 루푸스와 쇼그랜 증후군 같은 자가면역질환은 여성에서 유병률이 10배 가까이 더 높다.

호르몬의 차이도 평균수명의 차이에 기여한다. 에스트로겐은 여성이 중년이 될 때까지 심혈관 질환을 예방하는 효과가 있다. 특히, 몸에 좋은 역할을 한다고 알려진 HDL(고밀도지단백)의 혈중 농도가 여성이 더 높게 나타난다. 결과적으로 심혈관 질환으로 인한 사망률이 여성에서 3배 정도 더 낮다. 에스트로겐 효과에서 흥미로운 것은 폐경기가 지난 여성은 에스트로겐 생산이 줄어들면서 심혈관 질환 발생률이 남성의 그것과 같아진다는 것이다. 이를 근거로 폐경기 여성에게 에스트로겐을 보충해 주거나 식물성 에스트로겐인 이소플라본을 섭취하게 하여 심혈관 질환 및 갱년기 증상을 완화하려는 시도가 행해지기도 한다.

최근 연구에 따르면 에스트로겐은 염색체 텔로미어(telomere)의 길이를 길게 유지하는 데 관여한다. 텔로미어는 염색체 말단에서 발견되는 구조로, 염색체 끝부분을 지켜 주며, 염색체가 반복적으로 복제되는 동안 염색체 말단이 짧아지는 것을 방지하는 역할을 한다. 이러한 텔로미어의 기능은 노화 및 암 발생과도 연결되어 있는데, 노화가 일어나면서 텔로미어의 길이가 짧아짐이 관찰되었다. 또한 암세포에서는 지속적인 세포분열과 DNA 복제가 일어나는데, 텔로미어의 길이가 짧아지는 것을 방지하는 텔로머라아제(telomerase) 효소의 활성이 높아 암세포는 계속 증식하더라도 노화가 일어나지 않는다.

에스트로겐과 반대로 남성호르몬인 테스토스테론은 수명을 단축시킨다고 믿어진다. 이러한 주장은 조선 시대 족보 연구를 통해 뒷받침된다. 어릴 때 거세한 조선 시대 환관들은 평균수명이 70세였으나 궁중에서 일하던 비슷한 수준의 남성들은 평균수명이 51~55세 정도로

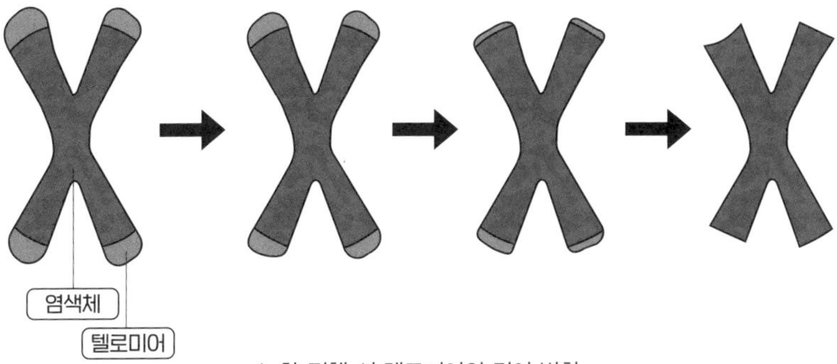

노화 진행 시 텔로미어의 길이 변화

분석되었다. 그러나 이와는 일치하지 않는 연구 결과도 있다. 17~18세기 유럽의 카스트라토는 소프라노 소리를 간직하기 위해 어릴 때 거세를 당하게 되는데, 이들의 평균수명은 거세하지 않은 다른 가수와 큰 차이가 없었다고 한다. 테스토스테론이 수명에 미치는 영향은 좀 더 연구가 필요할 것으로 보인다.

남녀를 구분할 때 일반적으로 성염색체, 생식기, 성호르몬 등의 생물학적인 척도를 기준으로 하지만 외모, 옷차림, 행동과 같은 사회문화적인 척도로 구분하기도 한다. 이러한 사회문화적인 성별 체계와 정체성을 '젠더(gender)'라는 용어로 표현한다. 젠더와 섹스는 우리말로 모두 '성'이라 표기하지만, 원어로는 미묘한 차이가 있다. 즉, 여성과 남성의 다양한 차이가 자연적으로 정해진 것이 아니라고 생각하고, 생물학적인 성(sex)에 대비하여 다른 성에게 부여되는 사회문화적 특성을 언급할 때 젠더를 사용한다.

존 그레이는 『화성에서 온 남자 금성에서 온 여자』라는 책에서 남녀에게 발견되는 다양한 차이를 생물학적인 관점에서가 아니라 진화적으로 설명하려 하였다. 남녀의 사고와 행동 방식, 심지어 뇌의 쓰임새가 다른 이유는 선사 시대부터 남녀가 각자의 역할에 맞추어 다르게 진화해 왔기 때문이라는 것이다. 인류가 농경사회를 이루기 시작한 것은 수천 년 정도지만 그 이전의 수만 년 동안은 동굴에서 생활해 왔다. 이때 남성의 역할은 해가 뜨면 동굴에서 나와 홀로 혹은 공동으로 수렵을 하는 것이었다. 사냥감을 추격하려면 끈질김과 집중력이 필요했고 사냥에 성공한 후에는 다시 동굴로 돌아가야 하므로 방향 및 위치 감각이 필요했다. 이러한 생활이 수만 년 이어져 오면서 남성에게는 목표지향적인 성격 및 사고 체계와 공간지각 능력이 발달했을 것이다. 한 가지 일에 빠져들어 다른 것은 제쳐 두고 집중하는 남성의 특성은 이러한 성향에서 생겨났을 것이다. 반면에 여성은 동굴에 남아 아이를 키우며, 주변 사람들과 친밀한 관계를 유지하여야 했다. 동굴 주변에 어떤 식물이 있고 그것이 언제 어디서 열매를 맺는지 잘 파악하고 기억하는 능력이 필요했을 것이다. 이러한 여성의 생활 방식은 관계지향적인 특성을 키우고, 주변인에 대한 공감 능력과 어디에 무엇이 있는지 잘 기억하는 능력을 키웠을 것으로 생각된다. 이러한 진화론에 기반을 둔 남녀 차이에 대한 설명은 뇌의 쓰임새에서 생겨나는 차이를 설명해 줄 수 있다. 남성은 공간지각 능력이 뛰어나고 여성은 언어와 감성인지 능력이 우월하다.

이러한 남녀의 차이는 구체적인 예를 들어 설명할 수 있다. 우선 쇼핑 방식에도 차이가 있는데, 남성은 쇼핑몰에 들어가면 자신이 사려는 물건을 파는 상점으로 직행하여 원하는 물건을 사서 바로 돌아간다. 반면에 여성은 사려는 물건을 파는 가게뿐만 아니라 쇼핑몰의 여러 매장을 다니며 구경하기도 하고 사려는 물건을 파는 가게들을 모두 다니며 가격을 비교하는 등 오랫동안 쇼핑을 한다. 우스갯소리로 "남자는 필요하다면 1달러짜리 물건을 2달러에라도 사고, 여성은 필요 없는 2달러짜리 물건이라도 1달러에 팔면 산다."라는 말이 있다. 남성은 필요하다면 가격을 따지지 않고 사는 경향이 있는 반면, 여성은 당장 필요하지 않아도 싸게 팔면 사는 경향이 있다는 뜻이다.

여성이 정서적인 부분에 민감한 이유는 양육을 하면서 자녀들의 정서적인 상태를 잘 파악하고 대처해야 하기 때문이다. 이러한 차이가 표현 방식에서 드러나게 되는데, 남성은 구체적인 상황 표현에 익숙하지만 여성은 감정을 드러내는 정서적 표현에 익숙하다. 같은 상황을 설명하더라도 남자는 참석자와 일어난 일에 대한 객관적인 사실을 표현하는 반면에, 여성은 당시의 감정이나 참석자와의 관계 등에 대한 표현을 우선한다. 여자아이들이 인형을 소중하게 다루는 이유도 이러한 차이에서 이해할 수 있다.

남녀는 감각적인 면에서도 차이를 보인다. 청각의 경우 남성은 소리가 나는 방향에 대한 감각이 예민하지만, 여성은 소리의 종류를 잘 구별한다고 한다. 예를 들어 놀이방에서 아이가 울 때 여성은 그 울음소리가 자신의 아이의 소리인지 아닌지를 금방 구분해 낼 수 있다는 것이다. 시각적인 면에서도 여성은 남성보다 더 많은 원추세포를 가지고 있어 색상을 잘 구분한다. 앞서 언급하였듯이, 집이나 동굴 주변의 식물이나 과일의 상태를 구분하려는 노력이 색에 대한 감각을 발달시킨 것이라고 해석할 수 있다. 실제로 초등학교 아이들에게 그림을 그리게 하면 여자아이는 남자아이보다 더 많은 색의 물감이나 크레파스를 사용하여 그림을 그린다. 반면에 남자는 움직이는 물체의 활동을 분석하는 능력이 뛰어나다. 남자아이들이 자동차를 좋아하는 이유를 여기에서 찾을 수 있다.

일반적으로 남성은 시야각이 좁고 여성은 넓다고 한다. 남녀가 연애하다가 남성이 다른 여성에게 눈길을 준다는 이유로 종종 싸우는 경우가 있다. 연애 중인 남녀가 길을 걷다가 미모의 아가씨가 지나갈 때, 남성은 시야각이 좁다 보니 그 아가씨를 따라 얼굴을 돌리게 되고 이를 본 여성은 참지 못하고 화를 내게 된다. 그렇다면 그 반대의 경우는 어떨까? 여성도 잘생긴 남성이 지나가면 쳐다보는 것은 같으나, 시야각이 넓으니 굳이 얼굴까지 돌릴 필요가 없어 들키지 않을 뿐이다.

피부 감각에서도 남녀 간에 차이가 있는데, 쾌적함을 느끼는 최적 온도가 여성이 더 높은 경향이 있다. 더운 여름날 에어컨을 켤 때, 남성이 에어컨을 조절하면 너무 세게 틀어 여성은 추위를 느끼게 되고 여성이 에어컨을 조절하면 남성은 더위를 느끼게 된다. MHC의 경우에서 보았듯이 후각은 여성이 더 예민하다.

이러한 남녀의 특성에 대한 구분은 물론 일반적일 뿐 절대적인 것은 아니다. 남성이면서 여성적인 섬세함과 예민함을 가진 사람도 있고, 여성이면서 남성적인 성격을 가진 사람도 있다. 이러한 특성을 가진 사람은 오히려 여성과 남성의 경계를 잘 이해하고 이를 일상생활과 사회관계에 적용함으로써 사회적 성공을 이루기도 한다.

부부의 이혼 사유 중 가장 많은 것이 '성격 차이'이다. 그러나 남녀 사이에 존재하는 이러한 생물학적·진화적 차이점을 본다면 성격 차이가 발생하는 것은 당연하다. 이혼의 진짜 이유는 서로 다름을 인정하고 상대를 배려하는 노력의 부족으로 보아야 한다고 필자는 생각한다. 성격이 비슷한 두 사람이 결혼하면 성격 차이로 인한 불화를 방지할 수 있겠지만 두 사람의 성격이 상호보완적이라면 서로의 단점을 보완해 더 큰 힘을 발휘할 수 있다. 두 사람 모두 급한 성격이라면 어떤 일을 당했을 때 급하게 해결하려다 망칠 수 있다. 오히려 한 사람은 급하고 한 사람은 느긋한 것이 문제에 대한 해결책을 찾는 데 더 유리할 수 있다. 마치 사람과 개의 연합이 서로의 생존에 유리했던 것처럼, 서로 다른 사고와 능력을 가진 두 남녀의 결합은 상승 작용을 일으켜 각자의 힘을 합한 것보다 월등히 더 나은 결과를 가져올 것이다. 성격 차이를 두려워하지 말자.

반려견

인간의 사회가 형성된 이후 산업혁명이 일어나기 전까지의 사회는 가족과 친척으로 구성된 공동체 사회였으며 대부분의 개인은 태어나서 죽을 때까지 친족 공동체의 일원으로 생활했다. 그러나 200여 년 전 산업혁명이 일어난 후 산업화와 교통의 발달은 새로운 일자리를 만들어 내고 사람들은 자신이 속한 공동체를 떠나 도시의 공장으로 이동하게 되었으며 지금도 점점 더 많은 사람들이 도시로 몰려들고 있다. 개인의 이동 반경이 넓어지면서 가족으로 구성된 공동체가 붕괴되고 핵가족화와 1인 가정의 증가로 인해 개인이 느끼는 소외감도 커지고 있다. 이러한 개인의 쓸쓸함을 달래기 위해 반려동물을 찾게 되고 그 수요는 계속 증가하고 있다. 현재 지구상에는 약 4억 마리의 개와 6억 마리 정도의 고양이가 인간과 동반자 관계를 유지하고 있다.

인간에 의해 가축화된 동물 중에서 가장 먼저 사람과 같이 살게 된 동물은 개라고 한다. 고고학적인 증거를 보면 이스라엘 지역의 오래된 무덤에서 사람과 개가 함께 묻힌 유골이 발견되었는데, 무려 1만 4천 년이나 되었다고 한다. 개를 데리고 사냥하는 모습을 그린 8천 년 된 암각화가 발견되기도 하였다. 사하라 사막의 타실리나제르 지방은 기원전 8천 년경에는 녹음이 우거진 살기 좋은 땅이었다고 한다. 이곳 주민들은 암벽에 자신들의 다양한 생활상을 그렸는데 개를 포함하여 소, 말, 낙타 등을 표현한 그림도 있다고 한다. 개들은 처음에 주인의 사냥을 도와주는 역할을 했던 것으로 생각된다. 그 이유는 개가 등장하는 고대의 암벽화에는 사냥 장면을 표현한 경우가 많기 때문이다.

개는 어디에서 유래한 것일까? 진화학적으로 개와 가장 가까운 동물은 늑대이다. 진화상으로 볼 때 늑대에서 개로의 분리는 어떻게 일어났을까? 여기에는 두 가지 상반된 학설이 있다. 첫 번째는 사람이 늑대를 길들여서 개가 되었다는 것이다. 사람이 동물을 사냥하고 난 뒤 동물의 사체는 좋은 먹잇감이 되므로 늑대 무리가 사냥하는 사람들을 따라다니기 시작했고 이 중에 순종적인 것들이 사람 손에 키워지면서 개로 혈통이 분리되었다는 것이다. 배고픈 늑대가 사람이 내다버린 먹을 것을 받아먹으면서 사람과 친숙해지고 길들면서 개가 되었다는 유사한 설명도 있다. 다른 한 가지 학설은 늑대와 개로의 분리는 사람과 상관없이 일어났으며, 늑대보다는 좀 더 순종적인 개가 사람과 협력 관계를 맺으면서 가축화되었다는 것이다. 현재로서는 이 중 어느

신석기 시대에 그려진 타실리나제르 암벽화

것이 맞는지 알 수 없다.

어떤 경로로 사람과 개의 동맹 관계가 맺어졌든 상관없이 사람과 개의 동맹은 서로에게 생존 경쟁에서 우위를 차지하는 결과를 가져왔다. 펫 시프먼 미국 펜실베이니아대학교 인류학과 명예교수는 "현생 인류인 호모사피엔스가 자신보다 훨씬 신체 조건이 우월했던 네안데르탈인을 제치고 살아남은 이유는 개와 연합했기 때문이다."라고 했다. 예민한 코로 사냥감을 추적할 수 있고 사람을 도와 동물을 공격하기도 하는 개는 사람에게 많은 사냥감을 안겨 주었고 인간과 가축을 맹수로부터 보호해 주었을 것이다. 사람은 개에게 먹을 것을 안정적으로 공급하고 새끼들을 외부 환경으로부터 보호해 주어 개의 생존을 도와주었을 것이다. 약 2만 년 전에 시작되어 3천 년가량 지속된 빙하기에 살아남기 위해서도 개와 사람은 서로에게 유용한 존재였다. 따라서 개와 사람의 동맹은 서로의 장점을 혼합하여 생존력을 높여 주는 상승 작용을 일으켰을 것으로 생각된다.

개와 늑대는 언제부터 혈통이 분리되었을까? 최근 생명과학의 발달로 종의 진화적 상관관계를 유전체 비교를 통해 분석할 수 있는 정교한 방법들이 개발되었는데, 이러한 방법을 분자시계(molecular clock) 분석법이라 한다. 분자시계로 작용하는 것은 분석의 대상이 되는 생물 종의 DNA 염기서열이다. 진화 과정에서 분기한 종은 서로 독립적인 돌연변이가 유전체에 쌓이기 때문에 세월이 지날수록 DNA 염기서열의 차이점이 커지게 된다. 사람과 침팬지는 유전체 염기서열이 99.9% 동일한 데 비해 사람과 쥐는 97% 동일한 것을 보면 알 수 있다. 만약 돌연변이가 일정한 속도로 일어난다고 가정한다면 유전체 비교를 통해 진화상에서 분기한 시기를 역추적할 수 있다. 진화적으로 가장 유사한 종들인 개, 늑대, 코요테의 미토콘드리아 유전자 정보를 비교해 보면 개와 늑대는 1% 염기서열의 차이를 보이지만, 늑대와 코요테는 7.5%의 차이를 보인다. 고고학적인 자료를 분석하면 늑대와 코요테는 약 1백만 년 전에 분리되었고 이후 늑대에서 개가 분기되어 진화한 것으로 추정된다. 이를 분자시계를 대입해 보면 개와 늑대의 분리 시기를 추측할 수 있다. 1백만 년 전에 분리된 코요테와 늑대의 유전체에서 7.5% 정도의 차이가 난다면 개와 늑대 사이에서 발견되는 1%의 차이는 약 13만 5천 년에 해당한다. 즉, 분자시계 분석법에 따르면 13만 5천 년 전에 개와 늑대의 혈통이 분리되었다는 말이다.

그렇다면 개와 늑대는 구체적으로 어떤 차이가 있는가? 개와 늑대는 교배를 통해 자손을 낳을 수 있으므로 서로 다른 종으로 보지는 않는다. 이들은 유전적으로 99% 동일하다. 형태상으로 보면 늑대는 개보다 이마가 넓고 경사가 가파르며 코가 길고 뾰족하다. 눈은 비스듬히 붙어 있고 귀는 항상 빳빳하고 뾰족하게 솟아 있어 늘어지지 않는다. 긴 털로 뒤덮인 늑대의 꼬리는 항상 아래를 향하며 발뒤꿈치까지 늘어져 있다. 반면에 개는 꼬리가 위로 올라가 있으며 기쁠 때는 꼬리를 흔들고 겁먹었을 때는 꼬리를 다리 사이에 감추는 등 꼬리로 감정을 표시할 수 있다. 또한 개는 늑대와 다르게 귀가 축 늘어져 있는 경우가 많다. 이마부터 코끝까지의 경사가 늑대보다 완만하고 코끝이 뭉툭하여 날카로운 느낌이 적고 귀여운 느낌을 준다.

성격적으로 늑대는 개보다 사나우며 사람과의 친근감을 형성하는 데 서툴다. 개는 쉽게 사람에게 친근감을 표현하며 순종적이다. 행동학적으로 보면 플라스틱 용기에 들어 있는 소시지를 먹기 위해 늑대는 힘을 사용하려 하지만 개는 사람에게 간식을 꺼내 달라고 낑낑거리거나 애타는 표정으로 사람을 바라보면서 도움을 청하는 경향이 크다. 개는 오랫동안 사람의 보살핌을 받으면서 발육 속도가 느려지고 음식물의 대사 방식에도 변화가 생겼다. 늑대 새끼는 태어난 지 열흘가량이 지나면 눈을 뜨지만, 강아지는 2주 이상 소요된다. 늑대는 고기를 주식으로 하는 데 비해 개는 인간이 주는 음식을 아무거나 잘 소화하기 위해 잡식성으로 바뀌었다. 개는 쌀이나 곡물과 같은 탄수화물을 잘 소화할 수 있도록 변화가 일어나서 아밀라아제 및 말타아제와 같은 전분 분해효소의 유전자 효능 및 구성이 늑대보다 뛰어나며, 초식 또는 잡식 동물의 그것과 유사하다고 한다.

늑대와 비교하였을 때 개에서 일어난 이러한 차이는 가축화 증후군으로 설명될 수 있다. 다윈은 『종의 기원』에서 '가축화 증후군(domestication syndrome)'을 처음 설명하였다. 이것은 사람에 의해 가축이 된 동물을 원래의 야생동물과 비교하였을 때 공통으로 발견되는 특징이다. 다윈에 따르면 가축들은 온순하고, 주둥이가 짧고, 이빨이 작으며, 발정 주기가 짧아지고, 피부색이나 털색이 달라지는 등의 변화를 거친다. 이후에도 더 많은 증상이 알려졌는데, 야생동물들이 가축화되면서 유년기가 길어지고, 턱과 이빨이 작아지는 변화와 함께 뇌의 크기가 줄어들어 두개골의 형태학적인 변화가 일어나서 전체적으로 머리가 둥글어진다. 연골도 약화된다. 개의 귀가 꼿꼿이 서지 않고 처지는 이유가 바로 이 때문이다. 주로 야행성인 야생동물에 비해 가축화된 동물들은 주행성이 된다.

독일 홈볼트대학교의 윌킨스 교수에 따르면 가축화 증후군에서 관찰되는 변화들은 신경 능선 세포(neural crest cell)와 관련이 있다. 줄기세포의 일종인 이 세포들은 발생 초기에 신경관에서 형성되어 몸의 각 부위로 이동하면서 다양한 종류의 세포로 분화한다. 신경 능선 세포의 형성이나 이동 및 기능에 변화가 생기면서 가축화 증후군과 관련된 현상이 나타난다는 것이다. 사람들은 가축화하려는 동물에게서 사람을 무서워하지 않고 온순한 성질을 우선으로 원한다. 이때 이들 동물에서 변화는 발생 초기 신경 능선 세포의 기능 변화로 일어나기 때문에 이들 세포가 관여하는 다른 특성에까지 영향을 주게 된다는 것이다.

예를 들어 신경 능선 세포는 아드레날린을 분비하는 부신(adrenal gland)의 일부를 형성하는데, 부신 형성에 결함이 생기면 아드레날린 분비가 저해되어 사람이 가까이 가도 두려워하지 않고 공격하지 않게 된다. 신경 능선 세포는 부신 형성뿐만 아니라 전뇌 발달에도 관여하므로 가축화 과정 중에 발생하는 뇌의 크기가 줄어드는 현상을 설명할 수 있다. 신경 능선 세포는 이 밖에도 색소 형성, 귀, 이빨 및 털의 발달 등에 영향을 준다. 사람들이 동물을 가축화하기 위해 온순한 동물을 선별하여 교잡하는 과정 중에 신경 능선 세포에서 변이가 일어난 개체를 부지불식간에 선택하였고, 이러한 선택이 온순한 특성 이외에 신경 능선 세포가 관여하는 다른 특성에도 동시에 변화(가축화 증후군에서 보이는 변화)를 일으킨 것으로 생각된다.

사람들은 개를 키우기 시작하면서 육종(育種)을 통해 다양한 품종을 개발했다. 육종이란 동물이나 식물에 유전적 변화를 일으켜 새로운 품종을 만들거나 기존 품종을 개량하는 것으로, 선발법, 교잡법, 돌연변이법 등 여러 가지 방식이 있다. 개의 품종은 아주 다양하여 잘 뛰는 품종, 가축 몰이용 품종, 사냥용 품종, 크기가 작은 애완용 품종 등이 개발되었다. 일단 유용한 품종이 개발되면 이를 순종으로 유지하기 위해 같은 품종의 개를 교잡하여 자손을 얻는다. 이러한 교잡 방식은 필연적으로 동형접합의 증가를 초래하여 품종에 따라 특정 유전병의 발생을 증가시킨다. 실제로 개의 품종에 따라 잘 걸리는 질병이 관찰되는 것은 이 때문이다. 구체적인 예를 보면 셰퍼드를 비롯한 일부 대형견은 고관절 이상과 진행성 망막위축증이 잘 발생하고, 레트리버와 도베르만 등은 갑상선 기능저하증이 잘 발생한다. 크기가 작은 품종들은 왜소증에 걸린 것이다.

사람은 반려동물과의 교류를 통해 정서적 안정감을 얻는다. 그러나 반려견이 어떤 유전병에 잘 걸리는 성향이라면 치료에 경제적인 비용이 발생하고 반려동물이 질병으로 고생하는 모습을 보는 것이 주인에게는 고통일 것이다. 현재 반려동물을 고를 때 귀엽거나 독특한 외형을 기준으로 삼는 경우가 많다. 그러나 그러한 이유로 반려견을 입양한 사람들은 이들에게 질병이 발생하면 버리는 경우가 많아 전국적으로 유기견 문제가 심각하다. 반려동물을 한번 입양하면 평생을 같이하겠다는 각오를 해야 한다. 반려동물과 함께 행복한 생활을 영위하고자 한다면 순종의 개보다는 잡종을 키우는 것이 어떤 면에서는 더 현명한 선택일지도 모른다.

인간이 가까이 두고 기르는 동물은 개, 고양이, 햄스터, 돼지, 새 등으로 다양하지만 개만큼 사람과 친근한 동물은 없다. 개는 주인을 보면 꼬리를 흔들고 친근감을 표시하며 달려들고 핥으며 뛰어오른다. 주인이 모질게 굴어도 웬만해서는 충성심이 변하지 않는다. 고양이도 흔한 반려동물 중 하나지만 개처럼 적극적으로 애정을 표시하지는 않는다. 개는 왜 사람에게 그리 친근하고 충성스러운 것일까? 지금까지 알려진 바에 따르면 그 이유를 두 가지로 설명할 수 있다. 첫 번째는 윌리엄스-보이렌 증후군이며, 두 번째는 옥시토신이다.

윌리엄스-보이렌 증후군(Williams-Beuren Syndrome)은 1961년 뉴질랜드의 윌리엄스 박사가 처음으로 보고한, 사람에게 나타나는 질병이다. 이 증후군을 앓는 환자들은 낯선 사람을 경계하지 않고 지나치게 친절하다. 사회성은 좋으나 건강에 이상이 있으며 지능이 약간 떨어지는 경향이 있다. 환자들의 이러한 친사회적인 경향은 자폐나 사이코패스와 비교하여 정반대의 특성을 보인다. 연구 결과, 윌리엄스-보이렌 증후군은 인간 염색체 7번에 있는 27개의 유전자 결손으로 인해 일어나는 것으로 밝혀졌다. 특이하게도 개에게서 윌리엄스-보이렌 증후군과 유사한 유전적 변화를 관찰할 수 있다. 미국 프린스턴대학교의 폰홀트 교수는 2010년 과학잡지 『네이처』에 개와 늑대의 행동적 차이와 유전체를 비교 분석한 논문을 발표하였다. 그의 연구진은 사람의 윌리엄스-보이렌 증후군에서 발견되는 유전적 변이와 유사한 변이를 개에서도 발견하였다. 인간의 윌리엄스-보이렌 증후군 환자에서 일어나는 유전적 변이와 유사한 변화가 늑대가 개로 분기하는 진화의 과정에서 혹은 사람이 개를 길들이는 과정에서 일어났다는 것이다.

한편 옥시토신은 다양한 동물들의 시상하부(hypothalamus)에서 만들어져서 뇌하수체 후엽(posterior pituitary)에서 분비되는 신경전달물질로서, 사랑 호르몬으로 불린다. 옥시토신은 뇌에 작용하여 남녀 간에 호감이 가는 상대를 보았을 때 껴안고 싶은 충동과 성욕을 느끼게 한다. 자궁 수축을 일으키는 기능도 있어 임산부의 분만 촉진제로 쓰이기도 하며, 산모가 아기 울음소리에 민감하게 반응하게 할 뿐만 아니라 근섬유 수축을 유도하여 젖의 분비를 촉진한다. 자폐의 원인 중 하나로 옥시토신 수용체의 결함이 지목되기도 한다.

일본 아자부대학의 미호 교수는 2015년 과학잡지 『사이언스』에 주인과 반려견이 눈 맞춤을 하며 교감하면 인간과 반려견 모두에게서 옥시토신 분비가 증가한다는 내용의 논문을 발표하였다. 또한 주인과 반려견을 낯선 사람과 함께 두고 개의 코에 옥시토신을 뿌려 주면 개가 주인을 응시하는 시간이 증가하였다고 한다. 재미있는 것은 이러한 옥시토신의 증가는 늑대를 대상으로 한 실험에서는 관찰되지 않았다는 것이다. 따라서 진화적으로 늑대에서 개로의 분리가 일어날 때 혹은 개와 인간의 동맹이 이루어진 이후로 개에게는 옥시토신에 관련된 변화가 일어났으며, 이러한 변화가 사람과 개의 사이를 더욱 밀접하게 하는 데 기여했다는 결론을 얻을 수 있다.

가족과 같이 가까운 사람들의 경우, 한 사람이 하품을 하면 다른 사람도 같이 하품을 하는 경향이 있다고 한다. 정서적인 연결을 보여 주는 예라고 할 수 있는데, 주인과의 관계가 밀접한 개도 주인의 하품을 따라 한다고 한다. 심지어 주인과 한동안 떨어져 있던 개가 주인을 다시 만나면 기쁨의 눈물을 흘린다는 연구 결과도 보고되었다.

5

과학발전과 미래 문화

Q.

01 가상화폐를 가능하게 하는 블록체인이란 무엇인가?

02 제4차 산업혁명은 우리 생활에 어떤 변화를 일으킬 것인가?

03 과학기술의 진보로 인해 우리 문화는 어떻게 변화할 것인가?

가상화폐와 비트코인

화폐는 물건의 가치를 결정하고 매매를 가능하게 할 뿐만 아니라 가치를 저장하는 수단으로, 사회의 운영에 필수적인 요소이다. 최초의 거래는 물물교환 방식이었고 이를 대신한 최초의 화폐는 물품화폐였다. 쌀, 옷감, 소금, 금덩어리 같은 그 시대의 귀한 물품들이 화폐로 사용되었고 조개껍데기나 카카오콩(멕시코 지역)이 화폐로 사용되기도 했다. 물품화폐 다음으로 등장한 것이 금속화폐로서, 중국에서는 삽 모양의 포전, 칼 모양의 도전 등이 사용되었으며, 로마와 스페인에서는 금화 및 은화가 사용되었다. 우리나라도 구리를 이용하여 고려 시대에 해동통보와 조선 시대에 상평통보가 만들어지기도 했다. 이후 각종 지폐와 동전들이 만들어져 현재까지 통용되고 있다. 어음과 수표 등은 기존 화폐 시스템의 보조 역할을 하면서 쓰여 왔다. 많은 사람이 현재 사용하는 신용카드는 화폐는 아니지만 신용에 기초를 둔 대체 지불 수단의 역할을 훌륭하게 해내고 있다.

컴퓨터와 인터넷이 일상화된 현대사회는 실물이 없이 사이버(또는 네트워크)상에서 거래되는 디지털화폐(혹은 전자화폐)를 탄생시켰다. 디지털화폐의 일종인 가상화폐는 법정화폐와 대비된다. 법정화폐란 기존의 지폐 및 동전처럼 발권력을 중앙은행이 독점하고 있으며 법률상 강제 통용력이 부여된 통화를 뜻하는데, 가상화폐는 그렇지 아니하다. 가상화폐의 범위는 광범하여, 온라인 상품권, 도토리, 게임 머니와 같이 특정 기업이 발행하는 것과, 비트코인이나 이더리움과 같이 발행 주체가 전혀 없지만 블록체인에 의해 가치가 보장되는 것들까지 포함한다. 우리는 비트코인이나 이더리움을 흔히 가상화폐라 부르는데, 엄밀하게 말하면 이들은 암호화폐이다. 암호화폐는 블록체인(blockchain)과 같은 암호화 기술과 금융을 접목하여 보증인이나 발행인을 없앤 화폐로서, 가상화폐의 일종이라 할 수 있다. 그러나 현재는 비트코인을 부를 때 암호화폐보다는 가상화폐란 용어를 많이 쓰고 있으므로 여기에서도 이에 따르고자 한다.

중앙은행의 통제를 받지 않고 발행할 수 있으며 블록체인으로 그 안정성이 보장되어 나라 간의 경계를 허무는 가상화폐의 등장은 전 지구적 거대 금융 시스템의 도래를 예고하고 있다. 비트코인은 2008년 나카모토 사토시(Nakamoto Satoshi)에 의해 제창되고 만들어진 세계 최초의 가상화폐로서, 블록체인 기술을 활용하여 P2P(Peer to Peer)로 운영되는 네트워크 기반의 분산형 금융 시스템이라 할 수 있다. 비트코인이 만들어진 2008년 하반기는 미국 4대 투자은행인 리먼 브라더스의 파산으로 미국을 비롯한 전 세계 금융시장이 불안정했던 때로, 기존 금융 체계에 대한 불신이 극에 달하는 시기였다. 이러한 시대적 상황에서 국가나 기관에 의존하지 않고, 개인정보를 요구하지 않아 익명성이 보장되면서, 발행 및 거래에 비용이 최소화되고, 블록체인에 의해 거래 안전성이 보장되는 화폐를 표방하는 비트코인이 만들어졌다.

비트코인(Bitcoin)은 정보의 저장 단위인 '비트'와 동전을 뜻하는 '코인'을 합쳐서 만든 이름이다. 나카모토 사토시는 아직 그 정체가 밝혀지지 않은 사람으로, 본인이 비트코인 채굴을 통해 상당량의 비트코인을 보유하고 있는 것으로 추정된다. 하나의 비트코인은 1억분의 1단위(1사토시)까지 쪼개서 보유하거나 사고팔 수 있다. 비트코인이 만들어진 이후부터 2019년 현재까지 1,500가지 이상의 가상화폐가 발행된 것으로 추정된다. 이 중에는 비트코인을 비롯해 이더리움, 비트코인 골드, 비트코인 캐시, 리플, 대시, 라이트코인, 모네로 등이 있으며, 비트코인과 이더리움이 가상화폐 시장을 주도하고 있다.

기존 금융과 가상화폐는 어떤 차이점이 있을까? 기존 금융은 금융기관이 중앙서버를 운영하면서 거래 기록을 보관하는 중앙집중형 구조로 되어 있고, 개인이 단말기를 이용하여 서버에 접속하여 거래하는 수직적 연결을 통해 운영된다. 그에 반해 가상화폐는 거래 기록이 네트워크상의 여러 컴퓨터에 보관되기 때문에 분산형이라 할 수 있고, 거래가 개인과 개인의 단말기 사이에서 이루어지기 때문에 수평적인 연결을 통해 운영된다고 할 수 있다. 가상화폐를 흔히 P2P 방식으로 운영된다고 하는데, P2P는 'peer to peer'의 줄인 말로 'peer'의 뜻은 동년배 혹은 동료이다. P2P는 중앙서버 없이 네트워크에 의해 수평적으로 연결된 컴퓨터 사이에서 거래가 일어남을 강조하는 용어이다. 기존 금융은 국가 및 기관에서 화폐를 발행하고 시중 은행이 관리하는 시스템으로 운영되기에 발행자에 의해 지급 및 가치가 보장되는 형태인 데 반해, 가상화폐는 국가 및 기관이 관여하지 않으므로 금융 사고를 책임지는 주체가 없다. 기존 금융은 철저하고 정확한 개인정보와 함께 환전, 송금 및 각종 거래에 수수료를 요구하지만, 가상화폐는 구매 및 보유에 익명성이 보장되며 최소한의 거래 수수료가 발생하는 방식이다.

가상화폐와 기존 금융 플랫폼 사이에 이러한 차이가 발생하는 이유는 블록체인(blockchain) 때문이다. 코인의 거래 내역을 모아 장부를 만들고 이를 암호화한 것이 블록이다. 비트코인의 경우 10분마다 생성되는 블

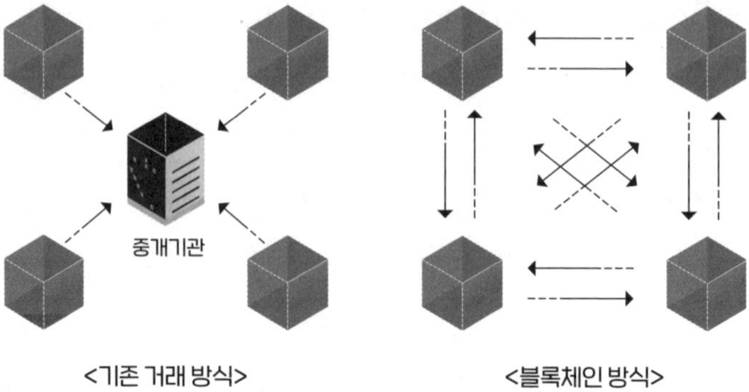

블록체인 개념도

록은 인터넷 네트워크상의 노드(node)라 불리는 컴퓨터에 보관한다. 새로운 거래가 발생하면 다시 블록으로 만들고 기존 장부에 연결하기에 블록체인이라 부른다. 또한 정기적으로 거래 내역을 검사하여 잘못되거나 빠진 부분을 올바른 장부에서 복사해 온다. 이때 정보의 정확성을 판별하는 기준은 과반수의 노드가 같은 데이터를 가져야 한다는 것이다. 비트코인이 생긴 이후의 모든 거래를 저장하는 노드는 현재 전 세계적으로 2만여 개가 있으며, 노드는 컴퓨터 한 대가 될 수도 있고 여러 컴퓨터(채굴기)의 집합일 수도 있다. 거래 기록을 조작하려면 블록 하나가 만들어지는 10분 동안 네트워크에 연결된 컴퓨터의 절반 이상을 해킹해야 하는데, 이들 컴퓨터에 보관되는 블록체인은 새로운 블록이 더해질 때마다 암호가 매번 갱신되기 때문에 이론적으로 해킹은 불가능하다.

비트코인과 같은 가상화폐는 어떻게 얻을 수 있을까? 비트코인은 채굴(mining)이라는 과정을 통해 얻어진다. 채굴에 참여하는 컴퓨터(노드)들은 블록체인의 자료를 보관하고 거래 인증에 관여한다. 이 과정 중에 고성능 컴퓨터를 이용한 복잡한 수학연산을 실행하여 블록체인의 암호를 풀어야만 하는데, 이때 보상으로 코인이 주어진다.

일단 비트코인을 확보하면 이것을 어떻게 저장할까? 비트코인을 저장하기 위해서는 은행의 계좌번호에 해당하는 지갑(wallet)과 비밀번호에 해당하는 키파일(key file)이 필요하다. 비트코인의 지갑은 16자리의 알파벳과 숫자의 조합으로 되어 있으며, 키파일은 64자리 알파벳으로 구성되어 있다. 은행 계좌와 달리 가상화폐는 익명으로 운영되기 때문에 지갑이나 키파일에 대한 정보를 잃어버리면 재발급이 되지 않는다. 또한 지갑이나 키파일에 대한 정보가 다른 사람의 수중에 들어가면 지갑의 가상화폐를 모두 잃어버릴 수 있으므로 이를 분산하여 보관하고 심지어는 키파일을 여러 개로 쪼개어 다른 장소에 보관하기도 한다.

본인이 비트코인을 보유하고 있다면 어떻게 쓸 수 있을까? 코인맵(coinmap.org)의 웹사이트에 접속하면 전 세계에 등록된 비트코인 거래점을 실시간으로 파악할 수 있다. 2020년 전 세계적으로 1만여 곳, 2022년에는 전 세계 3만여 곳과 한국 200여 곳의 가게에서 비트코인을 결제 수단으로 사용할 수 있다. 컴퓨터나 모바일 기기에 설치된 비트코인 처리 소프트웨어를 통해 상점이나 수신자의 지갑으로 원하는 양의 가상화폐를 전송하면 결제가 된다. 이것은 보통의 온라인 송금 방식과 같다.

채굴에 참여하지 않는 일반인들이 가상화폐를 사고팔 때 주로 거래소를 이용하는데, 그 이유는 거래소가 가상화폐를 대량으로 보유하고 있어 가상화폐를 실질 통화로 쉽게 바꿀 수 있고 거래도 빠르게 할 수 있기 때문이다. 보통의 주식 거래와 같이 적절한 앱을 설치하면 거래할 수 있다. 거래소가 편리하기는 하지만 해킹에 취약하다는 소식을 자주 접한다. 실제로 거래소 해킹으로 상당한 액수의 가상화폐가 탈취되기도 한다. 블록체인으로 보호되어 있다는 가상화폐가 왜 해킹당하는 것일까? 거래소의 문제점은 P2P 방식의 거래가 아니라 기존 금융회사처럼 중앙서버를 사용한다는 것이고, 은행과 같은 정교한 보안 시스템을 마련해 놓지 않아 서버가 해킹에 취약하다는 것이다. 거래소는 보통 해킹을 막기 위해 대부분 가상화폐에 대한 디지털 정보(비트코인의 경우는 지갑과 키파일)를 네트워크와 분리된 서버에 보관하지만, 거래를 위해 일부는 네트워크와 연결된 상태로 둔다. 해킹의 대상이 되는 것은 네트워크와 연결된 상태의 정보들이다.

가상화폐는 가상화폐공개(initial coin offering, ICO)라 불리는 과정을 거쳐 발행된다. 가상화폐 사업을 하려는 기업은 가상토큰을 먼저 발행하고 일반인들은 비트코인 등의 가상화폐를 이용해 가상토큰을 사들인다. 기업은 가상토큰을 판매한 대금을 투자금으로 삼아 새로운 상품이나 서비스를 내놓게 된다. 그러면 투자자들은 가상토큰을 이용하여 해당 기업의 상품이나 서비스를 구매할 수 있게 된다. 이것은 일종의 대중자금 조달(crowdfunding: 인터넷을 통해 다수의 개인으로부터 자금을 모으는 행위) 방식이라 할 수 있다. 그러나 이들 가상토큰이 널리 쓰이는 가상화폐로 안착하는 경우는 많지 않다. 한국과 중국을 포함한 일부 나라에서는 ICO가 금지되어 있어서 국내 업체가 ICO 업무를 하려면 이것이 허용된 외국에서 진행하는 우회적인 방법을 써야 한다.

가상화폐를 통화로 보는지 혹은 자산으로 보는지는 국가마다 다르다. 통화로 인정받기 위해서는 다음의 세 가지 화폐로서의 조건을 충족하여야 한다. 가치 척도의 기능, 가치 저장의 기능, 그리고 교환 매

개의 기능이 그것이다. 이러한 조건을 충족하기 위해서는 충분한 수량과 안정적인 가치가 필수적이다. 그러나 가상화폐는 가격 변화가 심하고 미래에 계속 사용될지가 불확실하므로 나라에 따라서는 통화가 아니라 금융 상품으로 취급된다. 영국과 일본은 가상화폐를 정식 통화로 인정하고 있으나, 미국과 중국은 이를 자산으로 규정하여 거래 이익에 대해 세금을 부과하고 있다. 우리나라도 이를 일종의 자산으로 보고 거래 이익에 대한 과세를 추진하고 있다.

가상화폐의 장점은 누구나 쉽게 계정을 생성할 수 있으며, 화폐 발행 비용이 없다는 것이다. 또한 서버를 통하지 않고 거래가 이루어지기에 거래 비용이 기존 금융보다 적으며, 컴퓨터에 파일 형태로 보관하기에 보관 비용이 들지 않는다는 것이다. 정부나 기관의 흥망성쇠에 영향을 받지 않기 때문에 경제 상황이 불안정한 지역에서는 법정통화의 대안으로 사용될 수 있다. 이에 반해 한번 거래가 성사되면 취소할 수가 없고, 키파일을 분실하면 재발급이 불가능하다는 단점이 있다. 이러한 문제가 발생하는 원인은 가상화폐를 익명으로 소유하고 국가나 기관과 같은 책임자가 존재하지 않기 때문이다. 비트코인의 경우, 이론상 10분이면 송금이나 거래를 할 수 있지만, 거래량 폭증으로 거래를 확정 짓는 데 이틀이 걸리는 경우도 있다. 채굴기를 운영하는 데 대량의 전기가 소모되고 채굴기에서 발생하는 열기로 인해 냉방 비용이 많이 든다는 단점도 있다.

이러한 장단점 이외에도 가상화폐는 많은 문제를 일으킨다. 우선 민간이 발행할 수 있기에 정부 혹은 중앙은행의 통제에서 벗어난다. 이는 중앙은행의 무력화로 이어져 금융 소득에 대한 세금의 징수 및 통화량 및 금리 조절을 통한 금융정책을 불가능하게 한다. 가상화폐는 익명성과 탈중앙화를 기치로 내걸었으나 개인정보와 자금이 거래소로 몰리면서 거래소가 금융기관과 유사한 권력을 가지게 되는 역설이 생기기도 한다. 가상화폐의 장점으로 꼽히는 익명성 또한 문제를 일으킨다. 마약 및 총기류 구매 혹은 랜섬웨어 협박에 대한 대금 지급과 같은 불법적인 거래에 사용될 수 있으며, 돈세탁 및 탈세의 수단으로 전락할 수도 있다. 실제로 중국 정부가 2018년 가상화폐 거래를 중지시킨 이유도 탈세에 대한 우려에서 비롯된 것이라 한다.

한편, 가상화폐에서 사용되는 블록체인 기술은 가상화폐뿐만 아니라 다른 분야에도 적용할 수 있다. 블록에 저장하는 정보의 종류에 따라 개인정보, 계약, 물류 유통 기록, 투표, 부동산 소유권 이전 기록 등 거의 무한에 가까운 다양한 영역에 활용할 수 있기 때문이다. 관공서의 문서 발급이나 학교 졸업장과 부동산 거래 등의 정보를 블록체인에 보관할 수 있으며 심지어 블록체인을 기반으로 하는 온라인 가상국가도 가능하다. 비트네이션(Bitnation)이라는 가상국가는 이름과 주소, 전자메일 주소만 있으면 누구나 국민이 될 수 있고 모든 정보는 블록체인으로 보관된다. 호주의 플럭스 당이나 스페인의 포데모스 당, 덴마크의 자유연합 등은 모든 투표를 블록체인으로 실시하는 블록체인 정당이다.

블록체인은 개인정보의 보호에도 유용하게 쓰일 수 있다. 현재 모든 사람이 가입하고 있는 대표적인 SNS 운영 기업들은 상당한 정도의 개인정보를 확보하고 개인의 취향 및 가까운 지인 등의 자료뿐만 아니라 정치적 성향에 관한 정보까지 보유하고 있다. 이러한 빅데이터는 인공지능을 학습시키는 기초 자료로 쓰이기 때문에 세계 각 기업은 빅데이터 확보에 사활을 걸고 있다. 문제는 나의 개인정보가 내가 모르는 사이에 기업의 상업적 활동에 쓰이게 된다는 것이다. 실제로 페이스북은 2018년 수천만 명의 개인정보를 유출하여 CEO가 미국 국회청문회에 소환되는 등의 물의를 일으켰다. 또한 개인의 정보가 일정 기업에 집중되는 현상이 계속되다 보면 언젠가는 개인의 생활이 기업에 종속되는 문제점도 예상된다. D-앱(D-App, decentralized application)은 블록체인을 사용하여 SNS 기업에 개인정보가 노출되는 것을 막아 준다. 개인정보를 어느 기업에 제공하는 것이 아니라 블록체인에 보관하고 개인인증을 할 수 있으므로 기업이 개인의 데이터를 무단으로 사용하는 것을 억제할 수 있다. 이더리움의 집단지성 백과사전 '루나(LUNAR)' 혹은 고양이 키우기 게임 '크립토키티즈(Cryptokitties)' 등이 D-앱의 예이다.

2008년에 만들어진 비트코인은 2017년에 폭발적인 가치 상승을 일으켜 세계를 놀라게 하면서 블록체인에 대한 관심과 응용을 촉발하였다. 국경 없는 결제 시스템을 구축함으로써 지불과 결제의 편의를 도모하고 비용을 절감할 수 있다는 특징 때문에 디지털화폐를 발행하려는 국가와 기업이 늘고 있다. 미국과 우리나라를 포함한 다수 국가의 IT 및 SNS 기업에서도 달러와 같은 현실자산과 연동하여 가격 변동성을 극복한 디지털 화폐의 발행을 시도 혹은 계획 중이다. 이렇게 달러 및 유로 등의 법정화폐나 금과 연동되어 가격 변동성이 낮은 가상화폐를 스테이블 코인(stable coin)이라 부르는데 테더(Tether) 코인이 대표적인 스테이블 코인이다. 다른 한편으로 국가나 중앙은행이 암호화폐 기술을 적용하여 발행하는 추적 가능한 디지털화폐를 CBDC(Central Bank Digital Currency, 법정 디지털화폐)라 부르는데 중국은 이미 시험 사용 단계에 있으며 이에 자극받은 세계 각국도 CBDC를 앞다투어 개발 중이다. CBDC는 정부가 가치를 보증하고 중앙은행이 발행 및 관리하는 암호화폐로서 블록체인 지갑을 통해 계좌를 생성하고 전자지갑 앱으로 송금 및 결제를 수행한다. CBDC의 장점은 시중은행을 거치지 않고 중앙은행과 바로 거래가 가능하여 결제과정이 단순하고 거래비용이 절감된다는 것이다. 또한 중앙은행이 돈을 풀거나 조이는 과정이 단순하여 신속한 통화정책이 가능하다. 그러나 CBDC의 출현은 기존의 가상화폐와는 전혀 다른 문제점을 안고 있다. 익명성이 보장되는 기존의 암호화폐와는 달리 CBDC는 중앙은행이 모든 거래내역을 추적할 수 있어 금융거래를 완전히 통제할 수 있고 국가주도의 결제를 통해 개인 소비자 정보와 빅데이터를 독점하게 된다. 이러한 새로운 형태의 다양한 화폐가 과연 기존의 금융시스템을 대신할 수 있을지 흥미롭게 지켜볼 일이다.

핀테크

핀테크(FinTech)는 금융(finance)과 기술(technology)의 합성어로서, 여기에서 기술은 정보기술(information technology)을 뜻한다. 우리가 흔히 사용하는 인터넷 뱅킹, 모바일 뱅킹, 애플페이나 삼성페이 같은 결제, 간편 송금 등을 핀테크의 예로 들 수 있다.

핀테크는 크게 네 가지 유형으로 나눌 수 있는데, 그 첫 번째가 지급결제 시스템이다. 대표적으로 미국의 애플페이와 페이팔, 한국의 삼성페이, 중국의 알리페이 등이 있다. 두 번째 유형은 금융데이터 분석이다. 이는 심리 통계학적 방법을 사용하거나 SNS 사용 내역을 분석하여 개인의 신용도를 파악하는 것이다. 예를 들어 VisualDNA라는 회사는 개인의 성향을 분석할 때 질문에 대한 일련의 답을 여러 가지 사진에서 고르게 하는 분석법을 이용하고 있다. OnDeck이라는 미국 기업은 SNS 활동 내역을 분석하여 신용도를 평가하고 이를 소액 대출에 활용하고 있다. 한국에서는 개인정보 보호 차원에서 금융기관이 빅데이터를 분석하는 것이 금지되어 있어 핀테크를 이용한 금융데이터 분석은 이루어지지 않는다. 세 번째 유형은 금융 업무를 더 효율적으로 만드는 소프트웨어를 제공하는 것으로, 은행의 위험 관리나 회계 업무를 지원하는 역할을 한다. 예를 들어 거래 내역을 바탕으로 사기 거래를 감지하는 프로그램을 들 수 있는데, 어떤 개인의 소비패턴의 급격한 변화 혹은 거래 내역의 모순 등을 분석하여 도난 및 도용을 방지하는 데 이용된다.

네 번째 유형은 새로운 금융 플랫폼 개발이다. 이는 기존의 금융과 다른 방식의 온라인 기반 금융 업무를 제공하는 것으로, 비트코인이나 이더리움 같은 가상화폐도 새로운 금융 플랫폼의 하나로 볼 수 있다. 이 밖에도 온라인 기반 P2P 대출, 영국의 트랜스퍼와이즈가 개발한 온라인 기반 국외 송금 등을 들 수 있다. 영국의 레볼루트(Revolut)사는 회원으로 가입하여 모바일 앱카드를 소지하면 120개 나라에서 환전 수수료 없이 대금 결제가 가능한 방법을 개발하였다. 카카오뱅크, 케이뱅크 및 토스와 같은 인터넷 전문 금융에서 제공하는 송금 서비스 또한 이 유형에 포함된다.

이더리움

비트코인과 함께 가상화폐의 선두주자로 이더리움을 들 수 있다. 이더리움은 러시아 이민자 출신인 캐나다의 비탈리크 부테린이 2014년에 개발한 오픈 소스 플랫폼이다. 이더리움은 블록체인 기술을 업그레이드하여 활용성을 높인 2세대 가상화폐 플랫폼으로서, 금융에 한정된 비트코인에 비해 금융 거래 이외의 분야에서도 블록체인을 사용할 수 있도록 개발되었다. 이더리움이 여러 분야에 사용될 수 있는 이유는 스마트 계약(smart contract)이라는 컴퓨터 프로그램을 이용하여 거래의 합의 과정을 자동화하였기 때문이다. 프로그램의 코드에 입력된 계약 조건을 만족하면 그 즉시 계약이 성사되며 복잡하고 다양한 계약 패턴을 모두 소화한다. 이더리움의 또 다른 장점은 솔리디티(solidity)라는 프로그래밍 언어를 내장하고 있다는 것이다. 솔리디티는 소위 '튜링 완전한 언어'로 불리며, 이를 이용하면 애플리케이션의 개발과 복잡한 연산을 쉽게 할 수 있다.

이더리움은 블록체인의 운영 체계 역할을 하는 플랫폼으로 사용된다. 간단히 이야기하면 이더리움은 스마트폰의 안드로이드 운영 체계에 비길 수 있다. 안드로이드 체계에서 다양한 앱을 개발하여 사용할 수 있듯이, 이더리움은 블록체인 기반의 다양한 애플리케이션을 개발할 수 있는 환경을 제공한다. 이더리움은 이러한 특징으로 인해 메인 넷(main net)이라 불린다. 결국, 이더리움 플랫폼에서는 솔리디티와 블록체인을 기반으로 탈중앙화된 다양한 애플리케이션을 개발할 수 있는 것이다.

이더리움의 이러한 환경을 기반으로 개발된 것이 NFT와 DeFi이다. NFT(Non-Fungible Token, 대체불가코인)는 디지털 자산의 일종으로 블록체인 기술을 활용해 영상, 그림, 음악 등의 내용을 복제 불가능한 디지털 원작으로 만든 것이다. DeFi(Decentralized Financing, 디파이)는 중개인이 필요 없는 탈중앙화된 금융서비스를 뜻하며 코인의 거래, 송금, 예금, 대출, 투자 등을 기존의 금융회사나 거래소를 통하지 않고 블록체인 기반의 환경에서 실시하고자 하는 목표를 가지고 있다.

비트코인과 이더리움에서 현재 사용하는 합의 알고리즘은 어떤 것일까? 합의 알고리즘은 블록체인 네트워크 참여자들이 거래 내용 합의에 이르기 위해 사용하는 알고리즘이다. 현재는 작업증명(Proof of Work, PoW) 방식의 합의 알고리즘을 사용하는데, 이 방법은 기존 블록체인의 암호를 맨 처음 풀어낸 노드가 암호의 해법을 전 세계의 다른 노드들에 전달하면 거래장부(블록체인)가 풀리면서 장부 대조가 일어난다.(장부는 50% 이상의 노드에서 같은 것으로 확인되어야 한다) 암호를 맨 먼저 풀어낸 노드는 그 보상으로 코인을 얻게 되고 새로운 거래를 기록한 블록이 블록체인에 더해진다. 이때 마지막 블록에 새로운 암호가 생성되는데, 이것은 모두에게 비밀이기 때문에 암호를 풀어내는 경쟁이 다시 시작된다. 코인은 하나의 노드에만 주어지므로 모든 노드가 경쟁적으로 연산을 수행하고, 이 때문에 전체적으로 엄청난 양의 전기를 소모한다는 문제가 발생한다. 암호가 점점 더 풀기 어렵게 설계되므로 고성능 컴퓨터를 가진 일부가 코인을 독점하는 현상도 나타난다.

이러한 문제를 해결하기 위해 등장한 것이 지분증명(Proof of Stake, PoS) 방식의 합의 알고리즘이다. 이더리움은 앞으로 합의 알고리즘을 PoW에서 PoS로 바꿀 것이라 예고하였다. PoS 방식은 채굴 과정을 이용하는 것이 아니라 일정량의 가상화폐를 지분으로 내어놓은 참가자에게만 블록을 형성할 권리를 주는 것이다. 코인은 이러한 과정에 참여하는 수수료로 주어진다. 지분증명 방식은 지분이 많을수록 블록을 형성할 권한이 비례하여 증가하기 때문에 더 큰 영향권을 행사할 수 있다. 블록 형성 권리는 지분에 따라 자동으로 선택되기에 경쟁이 필요 없고, 고성능의 컴퓨터가 필요하지 않기 때문에 전기 소모도 줄일 수 있다.

제4차 산업혁명

18세기 이전의 세계는 농업 기반 사회로서, 과학기술 발전이 느린 속도로 진행되었다. 그러나 18세기에 일어난 산업혁명은 인류의 삶의 방식에 혁명적인 변화를 일으키면서 국가 간에 과학기술 경쟁을 촉발했다. 1765년 영국의 와트가 증기기관을 발명하면서 시작된 제1차 산업혁명은 농경 중심의 산업을 공장 중심의 대량생산 체계로 바꾸면서 농촌의 인력이 도시로 몰리게 되는 계기를 마련하였다. 1900년경부터 시작된 제2차 산업혁명은 전기에너지를 이용한 대량생산 체계의 확립으로 시작되었는데, 이는 미국 포드사의 컨베이어 벨트를 이용한 자동차 생산으로 대변된다. 동시에 석유를 이용한 전기 생산과 철강산업의 발전이 일어났다. 1980년대에 일어난 제3차 산업혁명은 인터넷으로 대변되는 디지털 혁명, 정보화 혁명이다. 모든 사람이 개인용 컴퓨터를 가지게 되었고 인터넷을 이용하는 정보통신 기술의 발달로 인해 정보에 대한 접근이 자유로워졌다. 이전의 사회는 정보의 출처가 한정되어 있었기 때문에 정보에 효과적으로 접근하는 사람이 유리한 시대였다. 그러나 제3차 산업혁명으로 인해 인터넷에 정보가 넘쳐나게 되어 제공된 정보를 잘 이용하여 새로운 개념을 도출해 내는 사람이 유리한 시

제1차~제4차 산업혁명의 개요

대가 되었다. 2010년대 중반부터 시작된 제4차 산업혁명은 인공지능과 자동화, 그리고 로봇으로 대변되는 초연결사회가 그 핵심이다. 지금 우리는 사람과 사물, 그리고 사이버세상이 인공지능을 통해 연결되고 로봇에 의한 자동화가 이루어지며 자율주행 자동차 및 드론에 의해 산업 구조와 사회 시스템이 혁신되는 전기를 맞고 있다.

제4차 산업혁명의 도래와 함께 지난 10여 년 동안 산업의 축이 바뀌었음을 보여 주는 것이 글로벌 5대 기업의 변화이다. 시가총액순으로 보면 2007년 기준 글로벌 5대 기업은 페트로차이나, 엑손모빌, 제너럴 일렉트릭, 차이나 모바일, 중국공상은행 등과 같이 에너지, 제조, 금융에 관여하는 기업들이었다. 이에 반해 2019년에는 애플, 마이크로소프트, 구글, 아마존, 페이스북과 같이 소프트웨어와 소셜 네트워킹 서비스(SNS) 중심의 기업들이 상위를 차지하였다. 제조나 금융보다는 컴퓨터와 인터넷 그리고 연결을 중심으로 산업은 물론 사회도 바뀌고 있다. 앞으로의 제4차 산업혁명 사회를 초연결사회라고 하는데, 이는 무선통신을 통해 사물–사람–네트워크 간의 유기적 연결이 가능해진 사회를 의미한다. 예를 들어 신생 혁신기업으로 손꼽히는 우버와 에어비앤비 등을 보면 연결의 중요성을 알 수 있다. 우버의 경우는 자동차를 생산하거나 소유하고 있지 않다. 그 대신 자동차를 소유한 사람과 이동이 필요한 사람을 연결해 줌으로써 수익을 창출한다. 에어비앤비 또한 숙박 시설을 소유하거나 운영하지 않는 대신 방이 남아도는 사람과 방이 필요한 사람을 연결해 주는 것으로 수익을 창출한다. 이렇게 기존의 것들을 잘 연결하기만 하여도 사람들의 생활을 편리하게 할 수 있다. 이러한 새로운 경향은 공유 자동차, 공유 자전거, 공유 공장, 공유 사무실 등 공유경제의 발전을 유발하였다. 그러나 과도한 투자로 인한 수익성 악화로 중국의 촉망받던 자전거 공유 회사가 몰락하여 공유경제 확산에 대한 의문이 커지고 있으며, 특히 2020년 들어 전 세계를 덮친 코로나19로 인해 우버와 에어비앤비 같은 공유기업이 어려움을 겪고 있다. 공유경제가 이러한 문제들로 주춤하고 있는 상황이지만 여전히 미래산업의 핵심 중 하나로 주목받을 것이다.

제4차 산업혁명의 핵심 단어로는 인공지능(artificial intelligence, AI), IoT로 대변되는 연결, 로봇으로 대변되는 자동화를 들 수 있다. 제4차 산업혁명 이후의 사회뿐만 아니라 과학기술은 이 세 가지를 떼어 놓고 이야기할 수 없을 정도이다. 앞으로의 사회는 누구든지 어떤 직업을 택하더라도 이 세 가지와 밀접한 관련을 가질 수밖에 없을 것이다.

인공지능

인공지능은 컴퓨터 프로그램을 통해 인간의 능력을 구현하는 기술 지능을 뜻한다. 인공지능이 모방하고자 하는 인간의 능력에는 학습 능력, 지각 능력, 자연언어 이해 능력 등이 있다. 인공지능 개발은 단순한 전자계산기가 나온 이후부터 꾸준히 연구 대상이 되어 왔으며, 최근의 우수한 컴퓨터와 알고리즘 개발로 인공지능 개발이 가속화되고 있다. 인공지능 개발에서 일어난 최근의 진전은 기계학습(머신러닝) 개발에 따른 것이다. 기계학습은 대량의 기본 데이터를 기반으로 컴퓨터가 이를 학습하고 결과를 예측하면서 스스로 판단 능력을 향상하도록 하는 알고리즘을 이용한다. 예를 들어 인공지능에 어떤 지역의 아파트 가격을 기계학습을 통해 학습시킨다고 해 보자. 아파트 가격에 영향을 미치는 요인들(방의 개수, 화장실의 개수, 집의 전체 크기, 거실의 크기, 베란다의 유무 등)과 집값을 입력한다. 그런 다음 각각의 요인들을 적용하여 집값을 결정하는 최적의 계산식을 반복적인 시도를 통해 컴퓨터가 스스로 찾아내게 한다. 이러한 기계학습이 가능하기 위해서는 될 수 있으면 많은 집의 가격과 세부사항을 기록한 빅데이터가 필요하고, 컴퓨터가 최적의 계산식을 찾아가도록 하는 적절한 학습 알고리즘 개발이 필수적이라 하겠다.

기계학습은 이후 딥러닝(deep learning)으로 발전하였는데, 이것은 사람의 뇌에서 발견되는 신경망을 모방하여 여러 단계의 인공신경망에서 기계학습을 구현하는 기술이다. 이뿐만 아니라 보상을 최대화하는 선택을 하도록 하는 강화학습 방법도 기계학습의 한 분야로 개발되었다. 강화학습은 마치 우리가 개를 훈련할 때 행동 심리학적 관점에서

분야	인공지능	내용
체스	**딥블루**(IBM)	1997년, 체스 세계 챔피언에게 승리
퀴즈	**왓슨**(IBM)	2011년, 퀴즈쇼 <제퍼디>에서 우승
바둑	**알파고**(구글)	2016년, 이세돌 9단에게 승리
포커	**리브라투스**(카네기멜론대학)	2017년, 프로 포커 선수 4명 상대로 승리
컴퓨터 게임	**알파스타**(구글)	2019년, '스타크래프트2' 프로게이머 상대로 승리

인간을 이긴 인공지능

잘한 행동에 대해 보상을 주어 그 행동을 강화하는 것처럼 컴퓨터에도 보상을 최대화하는 선택을 하도록 알고리즘을 짜는 것이다.

1997년에 개발된 IBM의 인공지능 딥블루는 체스 경기에서 인간을 이겼고, IBM의 인공지능 왓슨은 2011년 〈제퍼디〉라는 퀴즈쇼에서 인간을 이겼다. 구글의 인공지능 알파고는 수많은 바둑 기보를 입력하고 이를 분석하여 우리나라의 바둑기사 이세돌 9단에게 승리하였다(2016년). 구글이 이후 개발한 알파제로는 바둑의 규칙만을 입력하고 자신을 상대로 경기를 반복하여 알파고의 능력을 뛰어넘는 실력을 보였다. 이후 인공지능은 포커 게임이나 멀티플레이어 PC 게임에서 사람을 능가하는 실력을 선보이며 발전을 계속하고 있다.

기계학습의 우수성을 보여 주는 것이 개와 고양이의 구분이다. 기계학습 이전에는 컴퓨터가 개와 고양이를 구분할 수 있는 알고리즘을 고안하는 것은 상당히 어려운 문제였다. 기계학습이 도입된 이후에는 개와 고양이를 찍은 수많은 사진을 빅데이터로 제공하고 컴퓨터 스스로 반복적인 학습을 하도록 하여 개와 고양이를 구별하는 최적의 식을 도출하게 할 수 있었다. 그 일련의 결과로 인공지능은 이제 개와 고양이는 물론 한국인과 중국인 그리고 일본인을 쉽게 구별할 수 있게 되었다. 이 세 나라의 사람들은 유전적 배경이 아주 유사하므로 이를 구별하는 것은 결코 쉬운 일이 아니다. 여기에서 더 나아가 얼굴 생김새를 바탕으로 유전병을 판별하는 것도 가능해지고 있다. 특정한 유전병(예를 들면 다운 증후군)이 있는 사람은 얼굴 형태상 일정한 특징을 띤다는 사실에 주목한 것이다. 그러나 사람이 이를 인지할 수 있는 경우는 몇몇 대표적인 질병에만 한정되어 있고 얼굴의 형태적 변화가 미미하거나 희귀 질환의 경우는 상당히 어려운 것이 사실이다. 인공지능에 일반인과 유전병이 있는 수십만 명의 사진을 빅데이터로 제공하여 학습하게 하면 사람이 알아차릴 수 없는 미세한 차이를 바탕으로 유전병을 구분할 수 있다.

현재 인공지능은 다양한 분야에서 전문가를 위협하고 있다. 앞으로 인공지능은 증권시장의 시장 상황을 분석함으로써 증권 분석 전문가를 대체하며, 법원의 방대한 판례를 분석하여 변호사를 대체하고, 수많은 환자의 임상자료를 분석하여 의사를 대체할 것으로 기대된다. 또한 소설가나 작곡가, 미술가와 같은 창의적인 직업도 인공지능에 위협받고 있다. 인공지능에 의해 위협받는 직업은 이뿐만이 아니다. 운전사, 번역가, 면접, 비서, 감별사 등을 포함한 수많은 직업이 인공지능에 의해 대체될 것이다. 이는 우리의 미래에 대해 심각한 우려를 갖게 한다. 인공지능 이후의 세계에서 우리가 고민해야 할 문제는 '사람이 할 수 있는 일은 무엇인가?', '학교에서는 무엇을 가르쳐야 하는가?' 등이다.

인공지능의 효과적인 개발 혹은 작동을 위해서는 대량의 데이터 즉 빅데이터가 필요하다. 제4차 산업혁명이 완성된 미래 사회에서 가장 중요한 자원은 인공지능에 자료를 제공하는 빅데이터일 것이다. 데이터는 무궁하여 고갈되지 않는다는 특성이 있다. 우리가 일상생활에서 나누는 SNS상의 대화, 개인정보, 사람들의 행동 하나하나가 빅데이터의 구성 요소가 되기 때문이다. 미래의 세상에서는 데이터를 가진 자가 세상을 지배하고 돈을 벌 것이다. 데이터를 모으기 위해서는 플랫폼이 필요하다. 플랫폼은 원래 기차역이나 지하철역에서 사람들이 타고 내리는 정류장을 의미한다. 플랫폼에는 사람이 몰리기 때문에 사람을 대상으로 각종 상점이 들어서고 각종 광고가 행해진다. 현재는 그 의미가 확장되어 컴퓨터 시스템이나 자동차 등의 다양한 분야에서 장치나 시스템을 구성하는 토대나 골격을 지칭하는 용어로도 쓰인다. 쉽게 말하면 인터넷 쇼핑몰, 유튜브, 페이스북이나 카카오톡 같은 SNS, 구글이나 네이버 같은 검색 포털, 우버나 에어비앤비 같은 공유 서비스 등이 모두 플랫폼이 되고 사람들이 이를 이용하면 할수록 더 많은 양의 빅데이터가 축적되는 것이다. 플랫폼의 이러한 특성으로 인해 사람들의 개인정보를 취득하고 이를 무단으로 사용하거나 해킹으로 유출되는 사례가 증가하고 있다. 이를 방지하는 방법 중 하나는 블록체인을 이용하여 개인정보 및 자료를 보관하는 D-앱을 사용하는 것이다.

오늘날의 인공지능은 전 세계적으로 그 숫자가 많지 않으며 소수의 사람만이 사용한다. 그러나 20년에서 30년 뒤의 미래에는 인공지능 사용이 일상화되면서 인공지능이 스마트폰 안에 들어오거나 우리 피부 아래에 심어질 것이다. 이는 마치 40년 전에는 컴퓨터가 세상에 몇 대밖에 없었고 일반인들은 전혀 접하기 어려웠던 것과 유사하다. 40년이 흐르는 동안, 방 하나를 가득 채웠던 거대한 컴퓨터는 개인용 컴퓨터(personal computer, PC)의 형태로 축소되었고 이것이 점점 소형화되어 노트북이 되었다가 마침내 스마트폰 안으로 들어와 지금은 모든 사람이 휴대전화에 고성능 컴퓨터를 한 대씩 갖게 되었다. 인공지능도 비슷한 경로를 거쳐 우리의 스마트폰에 장착될 날이 올 것이다. 그때쯤이면 몸이나 의복에 스마트폰을 장착할 수 있게 되어 들고 다니다가 잃어버려서 당황하는 일이 없어질지도 모른다.

인공지능에 인간이 뒤처지는 것은 필연적일까? 인공지능에도 단점이 있는데, 현재의 인공지능은 게임, 법률, 의학 등의 한 가지 면에서는 뛰어나지만 여러 가지를 복합적으로 처리할 수는 없다. 예를 들어 인공지능 의사 왓슨은 환자를 진료하는 능력은 뛰어나지만, 사람과 일상적인 대화를 하기는 어렵다. 반면 사람과 대화를 할 수 있는 인공지능은 그것에만 특화되어 있을 뿐 전문적인 의학지식까지는 알지 못한다. 그렇다면 서로 다른 분야에서 뛰어난 인공지능을 하나로 묶어 통합하면 된다고 생각할 수 있다. 그러나 단순한 병렬이 아닌 유기적인 통합은 지금까지 실현되지 않고 있다. 오늘날의 인공지능은 아직 한 살짜리 아이가 세상을 보고 이해하는 학습 능력을 따라가기에도 벅찬 것이 현실이다. 아이의 뇌를 움직이는 사고 체계는 여러 복합적인 상황에서도 이를 받아들여 작동하도록 구성되어 있으나 현재의 딥러닝 알고리즘은 한 가지 혹은 소수의 상황만을 가정하여 만들어졌기 때문이다. 게다가 아이의 뇌를 움직이는 사고 체계는 누군가 손보지 않아도 시간이 지날수록 신경회로가 늘어나면서 계속 정교해진다. 사람처럼 학습을 통해 자신의 알고리즘을 개선하는 인공지능이 개발되지 않는 한 인간은 인공지능을 겁낼 필요가 없다.

게다가 복잡하고 전문적인 분석에 강한 인공지능은 의외로 사람이 직관적으로 쉽게 하는 일을 어려워한다. 예를 들어 '김천이라는 도시에서 5번째로 큰 가게는?'이라는 다소 황당한 질문을 받으면 대부분의 사람은 문제를 듣자마자 모른다고 답할 것이다. 그러나 컴퓨터는 지구상에 존재하는 모든 자료를 다 찾아본 뒤에야 모른다는 답을 낼 수 있다. 컴퓨터와는 다르게 사람은 자신에게 친숙하지 않은 문제에 대해서는 뇌의 모든 자료를 찾아볼 필요도 없이 모른다는 답을 낼 수 있다. 이처럼 자신의 지적 한계를 자각하고 스스로 문제점을 찾고 해결하게 하는 사람의 인식 능력을 메타인지(meta-cognition)라 하는데, 이것은 인공지능이 모방하기 어려운 사람만이 가진 능력이라 할 수 있다.

인공지능이 사람을 능가하기는 어려울 것이다. 그러나 머지않은 미래에 앞서 언급한 것처럼 자신의 알고리즘을 개선하여 자신의 지능을 스스로 개선할 수 있는 인공지능이 개발되었다고 가정해 보자. 컴퓨터의 연산 능력은 사람의 그것과는 비교할 수 없이 빨라서 처음 시작할 때는 미미한 지능을 가진 인공지능이라 할지라도 사람과는 비교할 수 없이 빠른 속도로 인지 능력을 향상시킬 것이다. 반복되는 지능 개선의 사이클은 점점 빨라지면서 매번 더 지능적인 인공지능이 출현하는 지능폭발(intelligence explosion)이 일어날 것이다. 이러한 과정이 어느 선을 넘어서면 사람이 기술 발전을 제어할 수 없어지고 인간 문명에 되돌릴 수 없는 변화가 일어나는 순간이 오는데, 이를 특이점(singularity)이라 한다. 이후의 인공지능은 인간보다 더 우월한 능력을 지닌 초지능(superintelligence)으로 진화하면서 지구상에서 가장 지적인 존재가 될 것이다. 사람보다 더 우월한 지능을 가진 존재의 출현은 인류에게 심각한 재앙이 될 수 있다. 동물원의 사자와 호랑이는 사람보다 힘이 약해서가 아니라 지적인 능력에서 뒤지기 때문에 갇혀 있는 것이다. 마찬가지로 초지능은 사람이 전혀 상상할 수 없는 방식으로 사람을 가두고 사육할지도 모른다.

과연 특이점이 올 것인가? 혹자는 이러한 특이점이 빠르면 앞으로 5년 정도 지나면 올 것이라고 주장하고, 혹자는 이러한 특이점이 오려면 아직 멀었으며 영원히 오지 않을 것이라고 주장한다. 필자는 인공지능에는 사람과 같은 목적의식이 없다는 것에 주목한다. 사람은 생존이라는 목적의식을 가지고 태어난다. 자라서 사춘기가 되면 이성에 관심을 가지기도 하고 자손을 퍼트리려는 생명체로서의 목적을 달성하고 싶어 한다. 성인이 되면서 좀 더 영리해지기를 원하기도 하고 돈을 많이 벌어 큰 집에 살고자 바라기 때문에 자신의 활동을 그러한 목적에 맞추어 조절한다. 이러한 목적의식에 의존하여 인간은 번성하고 다른 동물들을 정복하여 지구의 주인이 되기에 이르렀다. 목적의식은 할 수 있는 무한히 많은 일에 우선순위를 정해 주는 역할을 한다. 인공지능은 목적의식이 없으므로 자신의 알고리즘을 어떤 방향으로 개선할지를 결정할 수 없고 무한대의 가능성을 가진 채 표류하고 말 것이다. 결국은 인간이 인공지능에 어떤 목적의식을 부여하느냐에 따라 그 결과는 달라질 수밖에 없다. 따라서 인공지능의 미래는 인공지능에 어떤 목표를 부여하고 그것을 어떤 방향으로 발전시킬 것인가에 대한 사람들 간의 합의에 달려 있다고 할 수 있다.

연결과 사물인터넷

정보화 혁명이라 불리는 제3차 산업혁명 이후 연결의 중요성이 점점 더 커지고 있다. 인터넷은 누구나 자신 혹은 기관의 공식적인 정보를 올려놓아 쉽게 찾아볼 수 있게 하였고, 네이버나 구글 같은 검색엔진은 클릭 한 번으로 세상에 존재하는 거의 모든 정보를 손쉽게 찾아볼 수 있게 하였다. 사람들은 SNS를 통해 연결되어 유사한 관심 분야나 취미를 공유하고 있다. 이로 인해 개인과 개인의 소통을 위해서는 두 사람이 같은 지역에 살아야 하는 제약이 없어졌고 국가 내 다른 지역, 심지어는 다른 국가에 살고 있더라도 연결이 가능해졌다. 가까운 미래에는 실시간 번역기의 도움을 받아 언어가 통하지 않더라도 대화가 가능할 것이다. 블로그와 유튜브 등을 통해 자신의 관심 분야와 관련된 내용을 서버에 올리면 전 세계 어디에서나 이를 구독하거나 시청할 수 있게 되었다. 우버와 에어비앤비는 서비스를 제공할 수 있는 사람과 서비스가 필요한 사람을 연결해 주는 서비스이다. 이처럼 사람과 사람 사이의 연결은 제4차 산업혁명 이전부터 이미 활발히 진행되었다.

사람과 사람의 연결은 앞으로도 계속 발전할 것이며, 이에 더하여 제4차 산업혁명의 기술적 진보는 사물을 다른 사물이나 사람 혹은 네트워크의 서버와 연결하는 사물인터넷(Internet of Things, IoT)의 발달을 예고하고 있다. 사물인터넷은 우리가 흔히 접하는 TV, 냉장고, 세탁기 같은 가전제품뿐만 아니라 전등, 에어컨 같은 전기 제품이나 자동차 등을 인터넷을 통해 사람이나 컴퓨터 서버와 연결하는 것이다. 사물인터넷의 발전은 자기 주변의 사물은 물론이고 멀리 떨어진 곳에 있는 사물들까지 작동할 수 있게 한다. 이처럼 다양한 사물에 통신장비를 탑재하여 인터넷과 연결하기 위해서는 유무선 통신이 필수적이다. 특히 한자리에 고정되어 있지 않고 움직이는 사물의 경우는 무선통신이 필수적인 요소라 할 수 있다. 최근 일어나고 있는 다양한 무선통신의 개발 및 보급은 사물인터넷 발전에 크게 기여할 것이다. 최근 들어 개발되는 웨어러블 건강 보조기구의 원활한 작동을 가능하게 하는 것 또한 사물인터넷이다. 손목에 찬 웨어러블 기기가 환자의 심장박동이나 혈압, 체온 등을 실시간으로 전송하고 이를 의사 혹은 컴퓨터가 추적 관찰하여 문제가 발생할 가능성이 생기면 환자 본인이나 보호자 또는 의사에게 경고를 보낼 수 있다.

현재도 이미 실현되고 있는 연결의 예는 스마트 홈이나 차량 원격제어에서 찾아볼 수 있다. 스마트 홈의 경우는 집 안의 조명, 냉난방 기기, 가스, TV, 냉장고 등을 하나의 스크린에서 통합 관리하는 관리 모듈이나 스마트폰과 연결하여 원격제어가 가능하다. 누구나 한 번쯤은 집을 나선 후에 '가스를 잠갔나?' 혹은 '전등을 껐나?' 하고 고민하다가 집으로 돌아가서 확인한 경험이 있을 것이다. 연결이 활성화된 미래의 세상에서는 이러한 고민을 할 필요 없이 스마트폰으로 간단히 조작해 제어가 가능할 것이다. 차량 원격제어의 경우는 차량의 공조 시스템 작동, 문 열고 잠그기, 차량 위치 확인 등의 조작을 스마트폰으로 할 수 있다.

인공지능과 연계한 사물인터넷도 가능할 것이다. 인공지능과 연결된 테이블 탑 스피커는 사람의 음성 명령에 반응하여 음악을 재생하거나 통역을 하고 정보를 검색하며 날씨 및 교통 정보를 제공할 수 있다. 이러한 서비스가 발전하면 인공지능이 향후 개인 비서로 활약하면서 인터넷에 연결하여 열차나 식당을 예약하거나 집 안의 각종 전자제품을 제어할 수 있을 것이다.

사물인터넷의 활용은 여기에 그치지 않는다. 공장의 제품 생산을 자동화하는 스마트공장의 경우를 생각해 보자. 생산을 담당하는 개별 기기들이 자동으로 제품 생산에 관여하면서 센서에서 모은 정보를 중앙서버에 전송하고 이를 분석하게 한다. 중앙서버는 분석된 정보를 바탕으로 다시 개별 생산 기기를 조종할 것이다. 논밭에서의 작물 생산이나 축산업 농장을 자동화한 스마트팜의 경우도 마찬가지이다. 온도, 습도, 조도(照度)와 같은 상황을 각종 센서로 검출하여 유무선 통신을 통해 중앙서버로 전송하고 이를 중앙 관리 모듈이나 스마트폰으로 확인해 원격 관리가 가능하다. 심지어 축산농장에서는 사물인터넷과 인공지능의 도움을 받아 키우는 소나 돼지를 한 마리씩 따로 구분할 수 있으므로 질병 발생이나 새끼 분만과 같은 섬세한 관리가 필요한 경우 개개의 동물에 대해 맞춤형 대책을 마련할 수 있다.

몸이나 옷에 붙일 수 있는 탈착식 IT 액세서리도 무선통신을 통한 연결의 혜택을 받을 수 있다. 무선 이어폰, 스마트 워치, 스마트 글라스 등이 그 예이다. 이들은 사용자의 음성을 인식하여 작동하며 무선통신을 통해 제어된다. 안경 형태의 스마트 글라스는 증강현실을 구현하여 사람과 사이버세상을 연결하는 데 적합한 도구로 사용될 것이다.

사물인터넷의 핵심기술로는 비콘(beacon)을 들 수 있다. 이것은 블루투스 기반의 근거리 통신 기술을 지칭한다. 비콘은 무선표지(radio beacon)에서 유래한 용어로, 원래의 용도는 건물의 꼭대기, 공항의 활주로, 바다의 등대와 같은 지형지물에서 특정한 전파를 발사하여 항공기 또는 선박이 수신하게 함으로써 지형지물 인식에 도움을 주거나 방위를 식별하게 하는 장치를 지칭하였다. 사물인터넷 시대에 들어서면서 전파를 발사하여 가까운 주변의 통신 기기와 교신한다는 새로운 의미로 쓰이게 된 비콘은 다양한 응용이 가능하다. 우선 도서관에 들어서는 학생의 휴대전화에 자리 배정 정보를 전송하거나, 편의점에 들어서는 손님에게 쿠폰을 자동으로 전송하는 등의 기능에 사용될 수 있다. 비콘 단말기는 주변의 수십 미터 반경 내에 있는 스마트폰 위치를 감지하여 알림을 보내거나 무선 결제가 가능하도록 한다. 강의실 출석 여부를 확인하고 미아 방지, 재해 알림 등에도 사용될 수 있어 그 활용 범위가 계속 증가할 것이다.

근거리 통신에 사용되는 비콘에 대비하여 원거리 통신에 사용할 수 있는 빠른 무선통신 또한 제4차 산업혁명을 가능하게 하는 필수적인 기술이다. 사물인터넷을 이용해 사람–사물–인공지능의 연결을 원활하게 할 뿐만 아니라 자율주행 자동차의 운행, 로봇이나 드론의 원격 조종, 가상현실과 증강현실을 적용하는 다양한 상황에서 고용량의 데이터를 빠르게 전송하는 것이 필요하기 때문이다. 최근 상용화된 5G 무선통신은 제4차 산업혁명의 실현을 앞당길 주요한 기술이다. 특히 증강현실과 같은 대용량의 그래픽 데이터 전송이 필요한 경우에는 5G가 필수적이다. 2010년대 후반에 시작된 미–중 무역전쟁의 소용돌이에서 5G 무선통신 선도기업인 중국의 화웨이가 미국에 배척받는 이유도 미래 산업의 핵심을 선도하려는 두 강대국 간의 숨 막히는 싸움의 일환임을 인식할 필요가 있다.

5G 무선통신이라는 용어에서 'G'는 '세대(generation)'를 뜻한다. 1984년에 가정용 및 차량용 무선전화를 1세대(1G) 무선통신이라 한다. 이때의 무선전화는 크기가 벽돌만 하였으며 음성 통화 위주였다. 2세대(2G) 무선통신은 1996년에 개발되었으며 휴대전화를 이용하여 통화하거나 문자를 보낼 수 있었다. 2007년에는 3세대(3G) 무선통신이 개발되어 영상 통화가 가능한 스마트폰이 등장하였다. LTE로도 불리는 4세대(4G) 무선통신은 2011년에 개발되어 800메가바이트의 영화 한 편을 15초 만에 전송할 수 있었다. 5세대(5G) 무선통신은 2기가바이트의 영화를 1초 만에 전송할 수 있을 뿐만 아니라 기기가 무선통신에 반응하는 응답 속도를 0.001초로 줄였다.

사물인터넷이 미래의 생활을 편리하게 해 줄 것은 분명하지만 좋은 점만 있는 것은 아니다. 가장 중요한 문제점은 보안이라 하겠다. 보안 카메라가 해킹된다면 사생활 침해로 귀결될 수 있으며 자율주행 자동차의 주행 시스템이 해킹된다면 테러에 이용될 수도 있다. 만약 전 세계의 IT 기기가 동시에 해킹되어 원격조종으로 작동하기 시작하면 대규모 정전(blackout)이 발생하여 혼란이 야기될 수 있다는 분석도 있어 주의가 요구된다.

미래에 가능할 것으로 예견되는 또 다른 연결의 한 형태는 사람과 컴퓨터 혹은 사람과 AI의 연결이 될 것이다. 이미 사람의 뇌파를 분석하여 생각만으로 컴퓨터나 기계를 작동시키는 방법이 개발 중에 있다.

이것이 실현되고 발전한다면 인간은 슈퍼컴퓨터나 인공지능의 능력을 획득하게 되고 생각만으로 기계/로봇을 자유자재로 조종하게 될 것이다. 더 나아가 한 사람의 뇌가 다른 사람(들)과 네트워크를 통해 연결되는 경우를 생각할 수도 있다. 물론 이런 경우 다른 사람의 생각을 해킹하여 그 사람의 생각을 훔치거나 해킹된 대상의 생각을 조종하는 부작용에 대한 대비가 필요할 것이다.

자동화와 로봇

로봇에 의한 자동화는 미래 과학기술의 핵심 분야 중 하나이다. 이미 일어나고 있는 일이지만 반복적인 공정이 필요한 공장에는 로봇이 투입되어 자동화된 생산이 가능하다. 앞으로는 이러한 로봇의 이용이 공장에만 국한되지 않고 소규모 사업장이나 가게로 확대될 것이다. 로봇은 아직 제작 비용이 비싸기에 일상적인 활동을 지원하는 데는 제한적으로 이용되고 있지만 사용 분야가 점점 확대되고 있다. 이러한 경향은 제작비 감소로 이어져서 궁극적으로 반복적인 일은 모두 로봇이 대신할 것이다. 이미 식당 주방에서 햄버거 번을 뒤집는 로봇이나 국수를 마는 로봇이 사용되고 있고 가정에서 청소를 전담하는 로봇이나 산책로에 쌓인 개똥을 치워 주는 로봇 등이 도입되고 있다. 특히 2019년 말에 시작된 코로나 바이러스의 세계적인 유행으로 사람 간의 접촉을 최소화하려는 움직임이 일고 있다. 이러한 경향으로 인해 앞으로는 공장에서 제품을 생산할 때도 사람의 손길을 최대한 배제하려는 움직임이 있어 다양한 분야에서 로봇 이용이 증가할 것이다.

로봇의 종류는 많지만 우선 입는 로봇(웨어러블 로봇)에 대해 알아보

자. 입는 로봇은 사람의 활동을 보조하기 위해 몸에 착용하는 형식의 로봇을 의미하며, 세 가지 유형이 개발되고 있다. 첫 번째 유형은 가장 먼저 개발되고 있는 외골격이다. 작업장에서 인부가 무거운 물건을 운반할 때나 군인이 무거운 군장을 하고 행군할 때 짐의 하중을 줄여 주기 위해 몸의 겉에 착용하기 때문에 외골격 혹은 엑소스켈레톤(exoskeleton)이라고 한다. 개미를 포함한 일부 곤충들은 자기 몸무게의 수십 배에 달하는 물건을 운반할 수 있는데, 그 이유는 몸의 내부에 뼈가 없는 대신 몸의 겉부분에 단단한 외골격이 있기 때문이라고 한다. 사람이 이를 모방하여, 입는 형태의 기계 장치를 사용하는 것이다.

외골격이 힘을 발휘할 수 있게 해 주는 장치는 액추에이터이다. 이것은 전기 신호 등에 반응하여 자신이나 주변의 상태를 변화시키는 장치로, 센서의 반대 개념이다. 예전에는 큰 기계를 작동하기 위해 유압식 액추에이터가 주로 쓰였지만 최근 들어 전기로 작동되는 가벼운 것들이 개발되어 외골격의 핵심 부품으로 사용되고 있다.

두 번째 유형은 소프트 아이언맨이다. 앞에서 언급한 외골격은 쇠로 만든 기계적인 성격이 있어 무겁고 단단하여 어린이나 노약자가 이용하기에는 제약이 많다. 장애인이나 노약자의 쇠퇴한 근육을 강화하면서도 가볍고 손쉽게 사용하도록 천으로 만들어진 것이 소프트 아이언맨이다. 소프트 아이언맨은 신축성이 좋은 끈 형태의 인공 근육과, 주변 신호를 받아 인공 근육을 작동시키는 전자회로, 배터리, 모터 등으로 구성되어 있다. 전자회로는 사람의 움직임을 분석하여 근육의 작동이 필요한 시기를 판단해 인공 근육에 전류를 흘리는 역할을 한다. 인공 근육은 전류가 흐르면 이완되고 전류가 끊어지면 수축하면서 쇠약

한 근육의 기능을 보완한다.

세 번째 유형으로 최근에 개발된 엑소슈트(Exosuit)는 걷기와 뛰기를 모두 보조할 수 있는 웨어러블 로봇이다. 이것은 미국 하버드대학교 뷔즈연구소에서 개발하여 2019년 『사이언스』지에 논문으로 발표되었다. 이전까지의 입는 로봇은 걷기와 뛰기를 모두 보조할 수 없었는데, 그 이유는 이들 두 가지 움직임의 생체역학이 근본적으로 다르기 때문이다. 뷔즈연구소에서는 걷거나 뛰는 움직임의 전환을 예측하는 알고리즘을 사용하였다. 엑소슈트는 등 뒤에 부착하는 구동 시스템과 허리 및 허벅지에 착용하는 섬유 구동 시스템으로 구성되어 착용이 간편하다.

입는 로봇 이외에도 체내 수술이나 내시경으로 사용 가능한 나노로봇이나 마이크로로봇이 개발되고 있다. 또한 문어 빨판 형태를 가진 집게 로봇과 같이 동물의 기능성 부위를 모방한 생체 모방 로봇이 있다. 우주 탐사용 로봇으로는 사람이 원거리에서 조종할 수 있는 아바타 로봇이 개발되고 있으며, 생각이나 뇌파로 조종하는 로봇, 전쟁용 로봇 등 다양한 분야에서 로봇 기술이 적용되고 있다. 최근 흥미로운 발전을 보이는 분야 중 하나는 리얼리스틱 로봇인데, 이것에는 인간의 형태를 닮은 휴머노이드와 네 발로 기어 다니는 동물을 모방한 로봇 등이 있다.

인간 신체의 일부를 기계로 대체하거나 인간을 닮은 로봇이 나오면서 인간과 로봇의 경계가 모호해지고 있다. 이러한 결과로 다양한 관련 용어들이 등장하였다. 휴머노이드, 안드로이드, 사이보그, 증강인간, 강화인간, 로보 사피엔스, 리플리컨트 등이 그것이다. 휴머노이드(humanoid)는 인간을 뜻하는 'human'과 유사하다는 뜻의 'oid'의 합성어로, 인간을 닮았으나 기계적인 구성을 가진 로봇을 의미한다. 안드로이드(android)는 영화 〈터미네이터〉에 나오는 것처럼 인간의 형태를 그대로 모방하여 속은 로봇이지만 겉으로는 인간과 구별되지 않는 인조인간을 지칭한다. 사이보그(cyborg)는 컴퓨터 혹은 인터넷을 뜻하는 'cyber'와 유기체를 뜻하는 'organism'의 합성어로, 사람 몸의 수족이나 기관을 교체한 개조 인간을 지칭한다. 사이보그와 유사한 뜻으로 최근에 쓰이기 시작한 용어로는 증강인간, 강화인간, 로보 사피엔스 등이 있다. 리플리컨트는 인간의 신체를 세포 차원에서부터 그대로 복제한 개체를 뜻하는 용어이다.

교통과 자율주행

자율주행은 제4차 산업혁명의 기술적 진보로 인해 가장 많이 발전할 분야이다. 자율주행이 가능하기 위해서는 인공지능이 필요할 뿐만 아니라 주변의 차, 도로, 신호등과의 소통을 위해 빠른 무선통신이 필요하다. 위치 확인을 위한 전 지구적 위치 확인 시스템(global positioning system, GPS)과 라이다(LiDAR)를 포함한 각종 센서 또한 필요하다. 자율주행의 완성은 이동의 수단으로만 사용되던 자동차를 다양한 문화 활동의 공간으로 바꿀 것이다. 언제 일어날지 모를 사고를 걱정하며 몇 시간이고 운전에 집중해야 했던 운전자는 운전대를 벗어나 자율주행차가 목적지에 도착할 때까지 영화를 보거나 쇼핑이나 게임을 즐길 수 있다. 자동차에 설치되었던 운행 중심의 내부 장치는 제거되고 전면 스크린을 통해 영상을 제공하는 즐거움 위주의 공간으로 바뀔 것이다.

자율주행에는 외부와의 연결이 필수적인 요소이다. 목적지까지의 최적의 경로를 결정하는 내비게이션 기능을 위해서는 인공위성의 신호를 받아들이는 GPS와 목적지까지의 지도가 있어야 한다. 도로의 정체나 갑작스러운 공사 정보 등을 포함한 도로 상황을 통제실로부터 전송받을 수 있어야 하며 주변의 차들과 도로 및 교통신호 등으로부터도 다양한 정보를 전송받고 이를 분석할 수 있어야 한다. 따라서 자율주행이 완성되기 위해서는 스마트도시와 같은 미래형 도시환경이 동시에 갖추어져 중앙 통제실의 관리하에 도로와 신호등 그리고 자율주행차가 실시간으로 연결되어야 한다.

무인 주행을 실행하기 위해 자율주행차는 인공지능을 활용하여 인지-판단-제어의 세 단계를 수행한다. 인지 과정은 위치 및 주변의 상황을 추적 관찰한 자료를 모아 인공지능에 제공하는 것이다. 판단 과정은 인공지능이 자동차가 어떤 움직임을 취할지 결정하는 단계이다. 제어 단계에서는 인공지능의 판단에 따라 전기적인 신호가 발생하여 자동차의 각종 기기가 실제로 작동된다. 인지 단계에서는 GPS를 통한 위치 확인이 필요한데, 이를 위치 측정 센서라 할 수 있다. 라이다 및 카메라와 같은 환경 인지 센서도 필요하다. 카메라는 주변의 상황을 사진으로 찍어 영상 자료를 인공지능에 제공한다. 그러나 카메라는 어두운 환경에서는 영상이 또렷하지 않으며 2차원적인 영상 자료는 잘못된 판단을 유발할 가능성이 크다. 카메라가 제공할 수 없는 3차원적인 공간 자료를 수집하는 것이 라이다(LiDAR) 센서이다. 라이다는 'light detection and range'를 줄여서 붙인 이름이다. 라이다가 하는 일은 레이저를 펄스 형태로 쏘아 반사되어 오는 신호를 분석하여 주변의 상황을 3차원적으로 인식하는 것이다.

주변 상황을 인지한 후에는 인공지능이 주변 상황을 판단한다. 주행 경로와 도로 상황을 파악하여 최적의 행동을 결정하는 인공지능은 일반적인 운전 기능에 더하여 윤리적인 판단의 문제에도 직면하게 된다. 이것은 '트롤리 딜레마'와 유사한 문제인데, 트롤리(전차)가 처음 운행을 시작할 때 사람들 사이에 다음과 같은 윤리적 논쟁이 벌어졌다. 트롤리는 궤도를 따라 운행하면서 궤도 위에 설치된 전선으로부터 전기를 공급받는다. 트롤리는 궤도를 따라 운행하므로 진로를 변경할 때는 사람이 조작하는 선로 전환기라는 장치를 이용한다. 멀리서 트롤리가 달려오고 있으며, 선로 전환기를 조작하는 사람이 그것을 바라보고 있다고 가정해 보자. 트롤리가 운행하기로 정해진 궤도를 다섯 명이 지나가고 있고 트롤리가 이들을 치지 않으려면 선로를 변경하여야 한다. 그런데 변경해야 할 궤도에도 사람이 한 명 지나가고 있다. 트롤리가 원래의 궤도로 달리게 하면 다섯 명이 다칠 것이고 궤도를 변경하면 한 명이 다칠 것이다. 이때 선로 전환기를 조작하는 사람은 딜레마에 빠지게 된다. 다른 상황도 가능하다. 한쪽은 노인이고 다른 한쪽은 어린이라면 어떻게 할 것인가? 만약 한쪽의 궤도가 끊어져 있어 트롤리 탑승객들이 다칠 상황인데, 다른 쪽 궤도에 사람들이 잔뜩 서 있다면 어떻게 할 것인가?

자율주행차의 인공지능은 이제 선로 전환기를 조작하는 사람과 유사한 윤리적 판단을 해야만 한다. 자율주행차 앞에 10여 명이 지나가고 있어서 속도를 줄인다고 해도 이들이 다칠 상황이다. 그런데 핸들을 꺾으면 낭떠러지가 있어서 탑승자가 다치게 된다. 속도가 너무 빨라 제동을 걸 수도 없다. 자율주행차는 어느 쪽으로 운행해야 할까?

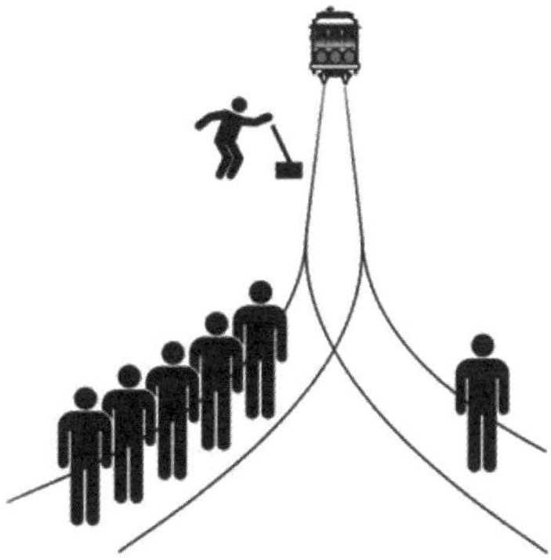

트롤리 딜레마

사람이 자동차를 조종할 때는 운전자가 윤리적 판단을 할 수밖에 없었고 그 결과에 따른 비난 혹은 칭찬은 그 사람의 몫이었다. 그런데 이제는 자율주행차를 조종하는 인공지능에게 사람이 하던 윤리적 판단을 맡기는 꼴이 되었다. 인공지능은 알고리즘에 의해 결정하므로 결국은 알고리즘을 입력한 프로그램 개발자 혹은 회사가 어떤 윤리적 판단을 하느냐에 따라 결과가 달라진다. 만약 그 회사의 윤리적 판단에 탑승자가 동의하지 않는다면 어떻게 해야 할까? 사람들이 모여 앉아 이러한 윤리적인 문제를 논의하고 합의를 도출할 필요가 있다. 그러나 그것만으로 모든 것을 해결할 수는 없다. 만약 한쪽 열 명은 모르는 사람이고 다른 쪽 한 명은 당신이 사랑하는 사람이라면 당신은 인공지능에게 판단을 맡길 수 있을까?

자율주행차가 본격적으로 활동하는 미래사회에서 트롤리 딜레마는 기우(杞憂)에 그칠지도 모른다. 고도로 연결된 미래도시에는 차와 차 사이의 교신은 물론이요 거리의 각종 센서와 신호등이 자율주행차의 운행을 보조하기 때문에 문제가 되는 상황이 원천적으로 차단될 가능성이 크다.

자율주행차의 개발은 우리 문화에 많은 변화를 가져올 것이다. 우선 교통사고가 감소할 것이고 사고가 일어나지 않는다면 자동차 보험이 필요 없어질 것이다. 도시 전체의 교통 상황을 실시간으로 파악할 수 있고 이것이 자율주행차에 전달된다면 교통 체증도 감소할 것이다. 자동차는 운송 수단에서 오락 수단으로 바뀔 것이다. 차를 타고 가는 동안 인터넷과 연결된 컴퓨터를 통해서 업무를 볼 수도 있고 쇼핑이나 영화 감상을 할 수도 있을 것이다. 자동차 내부에도 전면 스크린이 장착되어 각종 오락을 즐길 수 있다. 심지어는 차 안에서 광고를 들어주기만 하면 무료로 목적지까지 갈 수 있는 광고 전용 운송차가 나올 수도 있어, 머지않은 미래에 자동차는 소유하지 않고 공유하는 물건으로 바뀔지도 모른다.

수직 이착륙이 가능한 드론 기술을 접목하면 자율주행차는 자동차에서 그치지 않고 하늘을 나는 개인용 비행기(private air vehicle, PAV)로 개발될 수 있을 것이다. PAV는 활주로가 필요 없기에 일반적인 도로에서는 자동차처럼 주행하다가 필요한 경우 비행하는 형태가 될 것이다.

에너지

산업혁명 이전에 생산을 위한 에너지를 얻는 방법은 인간과 가축의 근력을 이용하는 것이 주된 방법이었다. 인간은 다른 동식물을 섭취하여 에너지를 얻었는데, 에너지원을 계속 추적하면 결국 모든 에너지는 먹이사슬의 1차 생산자인 식물에서 발생한다. 가축의 대부분도 식물을 먹이로 하는 것들이었다. 식물이 광합성을 통해 태양의 에너지를 모아서 생산하는 유기화합물이 세상을 움직이는 힘이었다. 바람을 이용하여 풍차를 돌리고 나무를 태워 철을 제련하고 난방을 하기는 했으나 여기서 나오는 에너지를 효과적으로 변환하여 산업 생산에 사용하지는 못했다. 18세기에 일어난 제1차, 2차 산업혁명은 에너지 변환의 혁명이었다. 나무를 태워 물을 끓이고 이때 생산되는 증기를 운동에너지로 바꾸는 증기기관의 발명이 제1차 산업혁명을 촉발하였으며, 화석연료를 태워서 생산된 에너지를 전기의 형태로 변환하고 이를 대량생산에 이용한 것이 제2차 산업혁명이었다. 이후부터 지금까지 석유와 석탄을 이용한 에너지가 대세를 이루었고, 20세기 후반에 개발된 원자력 발전은 방사성 동위원소의 핵분열에서 발생하는 에너지를 전기 생산에 사용할 수 있게 하였다.

석탄, 석유, 천연가스와 같은 화석연료는 손쉽게 구할 수는 있으나 유한할 뿐만 아니라 지구 온난화와 환경오염을 초래한다. 원자력 발전은 무공해 에너지를 싼 값에 생산하는 장점이 있으나 사용하면 할수록 쌓여 가는 방사능 폐기물 처리 문제를 유발한다. 또한 자연재해 혹은 인간의 실수로 일어나는 원전의 방사능 누출 사고는 전 지구적인 재앙을 불러올 수도 있다. 이러한 기존 에너지 생산 및 이용 체계의 문제점을 인식한 인류는 새로운 에너지원을 찾게 되었다.

기존의 에너지를 대체하기 위해 개발되고 있는 신재생에너지는 신에너지와 재생에너지를 합친 것이다. 관련법(신에너지 및 재생에너지 개발·이용·보급 촉진법)에 따르면 신에너지는 "기존의 화석연료를 변환시켜 이용하거나 수소·산소 등의 화학 반응을 통하여 전기 또는 열을 이용하는 에너지"로서 수소에너지와 연료전지를 포함하며, 재생에너지는 "햇빛·물·지열(地熱)·강수(降水)·생물유기체 등을 포함하는 재생 가능한 에너지를 변환시켜 이용하는 에너지"로서 태양광, 지열, 풍력, 수력, 바이오매스 등을 포함하는 고갈되지 않는 에너지이다.

신재생에너지 중에서도 수소에너지에 대해 언급하고자 한다. 수소는 우주 질량의 75%를 차지할 정도로 흔한 원소임에도 불구하고 수소 단일체로는 존재하지 않고 산소와 결합하여 물을 만들거나 탄소와 결합하여 메탄가스를 만들거나 질소와 결합하여 암모니아를 만들어 존재한다. 에너지원으로서 수소의 미래는 수소 경제라는 용어로 대변할 수 있는데, 이는 화석연료가 고갈된 후 수소가 주요 연료가 되는 미래의 경제를 의미한다. 수소의 장점은 청정 에너지원이라는 것이다. 우선 연소하여도 에너지와 물을 배출할 뿐 다른 공해 물질을 생산하지 않는다. 수소를 액화하거나 화학물질 형태로 변환하면 장기간 손실 없이 저장할 수 있어 에너지 저장에 유리하다. 전기는 저장이 상당히 어려우므로 발전소는 매일 혹은 매시간의 전력 수요를 예측하여 전기를 생산하고 송전 시설을 통해 사용자에게 실시간으로 전달하는 방식을 택하고 있다. 그러나 태양광 발전이나 풍력 발전과 같이 수요에 맞춰 전기를 생산할 수 없는 경우에는 전기를 저장하는 장치가 필수적이다. 현재의 체계에서 전기를 보관하는 최고의 선택은 리튬이온 배터리를 장착한 에너지 저장 시스템(energy storage system, ESS)을 이용하는 것이다. 그러나 ESS는 안정적인 전기 저장이 어려워 화재가 빈번하게 발생하고 있다. 만약 태양광 발전에서 생산되는 전기를 이용하여 수소를 생산하고 이를 저장한다면 에너지 저장 면에서 더 나은 방법이 될 것이다.

화석연료나 원자력을 기반으로 한 도시에서 탈피하여 수소를 에너지원으로 활용하는 깨끗한 도시를 실현하기 위해 세계 각국은 무한한 노력과 경쟁에 나서고 있다. 영국, 독일, 네덜란드, 덴마크, 일본 등이 수소 도시 건설에 적극적이다. 수소 도시는 가정집, 공장, 건물 등에 수소연료전지를 통해 생산된 전기에너지를 공급하여 전기와 냉난방에 사용하게 하고, 수소연료전지를 장착한 수소자동차가 도로를 달리게 하는 것을 목표로 하고 있다.

수소는 다양한 방법을 통해 생산될 수 있다. 우선 석유화학 공정의 부산물로 수소가 발생하는데 이를 모아 사용할 수 있다. 고온, 고압의 상태에서 천연가스(메탄)와 수증기를 섞어 두고 화학반응을 유발하여 수소를 생산할 수도 있다. 이것이 현재 수소 생산에 가장 많이 쓰이는 방법이다. 물을 전기분해하여 수소를 만드는 방법이 가장 친환경적이지만 생산 단가가 높아 아직은 비효율적이다. 이 밖에도 인공광합성이나 광촉매 기술, 미생물을 이용한 방법 등 20여 가지 방법이 시도되고 있다. 일단 생산된 수소는 고압가스, 액체 혹은 고체 상태로 저장될 수 있다. 그러나 수소의 액화는 영하 253도에서 일어나므로 상당히 어려운 일이다. 그래서 수소를 질소와 반응시켜 암모니아를 만들어 보관하는 화학 저장법이 개발되었다. 암모니아는 영하 10도에서 액화가 일어나기 때문에 비교적 손쉽게 많은 양의 수소를 보관할 수 있다.

수소는 과연 어떤 방법으로 에너지를 생산할까? 수소는 수소연료전지를 이용하여 전기를 생산한다. 수소연료전지의 음극에 수소가 공급되면 전자(e^-)와 양성자(H^+)로 분리된다. 양성자는 전해질막을 통해 양극으로 이동하고 전자는 전선을 통해 양극으로 이동하면서 전기로 쓰이게 된다. 양극에서는 산소와 양성자, 전자가 만나 물이 생산된다.

여러 가지 장점이 있기는 하지만 수소 경제가 실현되기에는 아직 넘

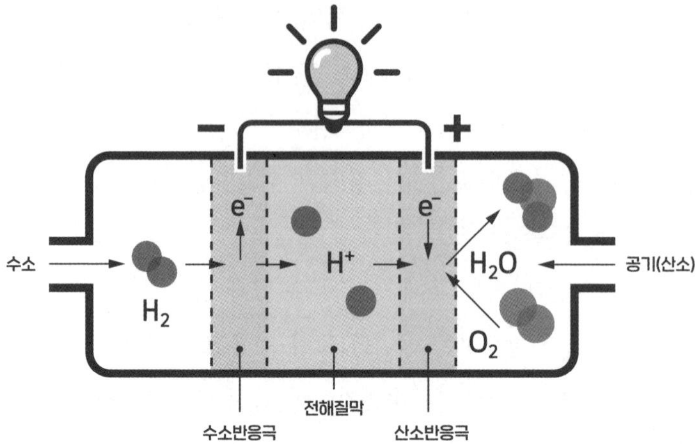

수소연료전지의 발전 원리

어야 할 장애물이 많다. 우선 물 분해를 통한 수소 생산이나 수소연료 전지를 이용한 전기 생산에 사용되는 백금 촉매가 너무 비싸기에 이를 대체할 방법을 찾아야만 수소 경제가 수익성을 가지게 된다. 현재 가장 많이 쓰이고 있는 수소 생산 방식은 석유화학 공정이나 천연가스를 이용하는 방법인데, 이들은 모두 화석연료에 의존적이고 수소 생산 과정에서 이산화탄소 등의 온실가스를 만들어 내는 등의 문제점이 있다. 또 수소자동차가 확산되려면 수소 공급 시설이 잘 갖춰지는 것이 선행조건이지만 수소 충전소 한 곳을 건설하기 위해서 수십억 원이 소요된다는 것도 앞으로 해결해야 할 과제이다.

수소 경제를 적용한 도시가 단기간에 실현될 에너지의 미래라 한다면 장기적인 에너지의 미래는 인공태양에 있다. 인공태양은 태양의 에너지 생산 방식을 모방하는 궁극의 에너지이며, 초전도 핵융합 혹은 핵융합 발전으로도 불린다. 태양은 자신의 엄청난 질량으로 인해 중력이 세고 1500만 도의 고온, 고압의 환경을 만들어 내기 때문에 태양의 원소들은 플라즈마 상태로 존재한다. 플라즈마는 원자핵과 전자가 분리된 상태를 말하며 기체, 액체, 고체에 이은 제4의 상태로 불린다. 태양에서 플라즈마 상태로 존재하는 중수소와 삼중수소는 핵융합을 일으켜 헬륨을 만들면서 중성자 1개를 방출한다. 이때 손실되는 질량에 의해 에너지가 발생하는데, 이는 아인슈타인의 유명한 $E=mc^2$이라는 공식에 따른다.

태양을 모방하는 데 있어 첫 번째 장애물은 지구의 질량이 태양보다 작아서 중력이 약하다는 것이다. 그래서 지구에서 핵융합을 일으키려면 1억 도 이상의 고온에서 고밀도 플라즈마를 유지하는 대안적인 방법을 사용해야 한다. 원료는 중수소와 리튬을 사용한다. 중수소는 바닷물에서 분리할 수 있는데, 1L의 바닷물에서 분리한 중수소를 이용하면 300L의 휘발유에 해당하는 에너지를 생산해 낼 수 있다고 한다. 플라즈마 상태의 리튬에 중성자를 가하면 삼중수소가 생기고, 이때 만들어지는 삼중수소는 원료의 중수소와 핵융합을 거치면서 태양의 에너지와 유사한 에너지가 만들어진다. 인공태양의 운영으로 인해 만들어지는 것은 헬륨과 소량의 방사선 폐기물이다. 인공태양에서 만들어지는 방사선 폐기물은 저준위 방사능 폐기물로서, 원자력 발전의 부산물인 고준위 방사능 폐기물에 비하면 양적으로도 질적으로도 안전하다고 할 수 있다.

인공태양의 이론적인 토대는 이미 60년 전에 세워졌으나 기술적인 문제로 인해 아직 실현되지 않고 있다. 이에 7개국(한국, 미국, 유럽연합, 일본, 중국, 러시아, 인도)이 공동의 노력을 기울여 국제핵융합로(International

Thermonuclear Experimental Reactor, ITER)를 프랑스에 건설하고 있다. 핵융합은 토카막이라는 도넛 모양의 용기에서 일어나게 된다. 1억 도 이상의 고온에서 초전도 자석을 이용한 강한 자기장을 걸어 주고 고밀도 플라즈마를 유지하게 된다. 현재 건설 중인 국제핵융합로는 2035년 완공을 목표로 하고 있으며 2050년에는 상용화가 가능할 것으로 기대된다.

국제핵융합로의 건설 이외에도 한국, 중국, 일본, 미국은 자국에 독자적인 핵융합로를 건설하고 있다. 한국은 대전의 대덕연구단지 안에 KSTAR(Korea Superconducting Tokamak Advanced Research)라 불리는 초전도 핵융합 연구 장치를 순수 국내 기술로 건설하였다. KSTAR는 국제핵융합로와 같이 초전도 토카막 방식을 택하고 있다. 2021년에 플라즈마의 온도를 1억 도까지 올리고 이를 30초 동안 유지하였는데 이는 세계 최장 기록으로, 현재 한국의 핵융합 기술은 세계에서 가장 앞선 수준이다.

인공태양을 실현하기 위한 노력에도 불구하고 아직 인공태양에서 에너지를 얻는 것은 실험 단계이고 넘어야 할 산이 많다. 우선 플라즈마를 고밀도 및 초고온 상태에서 장시간 안정적으로 유지하여야 한다. 이 밖에도 핵융합에서 발산되는 에너지를 전기로 전환하는 장치 개발과 같이 기술적인 한계를 극복해야 한다.

인공태양에서 일어나는 중수소와 삼중수소 간의 핵융합은 수소폭탄의 작동 원리와 같다. 다만 수소폭탄이 터지면 핵융합이 일시에 일어나지만, 인공태양은 핵융합이 천천히 일어나도록 하여 에너지 방출을 조절하는 것이다. 이러한 차이는 원자력 발전과 핵폭탄의 관계와 유사하다. 원자력 발전도 핵폭탄에서 일어나는 핵분열을 천천히 일어나도록 하여 에너지를 만들어 내기 때문이다. 한편으로 사람들은 수소

경제 혹은 수소전기차에서 사용되는 수소연료전지가 폭발할지도 모른다는 불안감을 느낀다. 그러나 수소연료전지는 일반적인 수소와 산소를 이용하여 에너지를 생산한다. 즉 중수소와 삼중수소를 이용하는 수소폭탄이나 인공태양과는 전혀 다른 방식으로 에너지를 생산하므로 비교적 안전하다.

드론

자율주행과 함께 드론은 제4차 산업혁명의 기술적 진보로 인해 가장 많이 발전할 분야 중의 하나로 꼽힌다. 드론은 조종사가 탑승하지 않더라도 무선전파를 이용하여 비행과 조종을 할 수 있는 비행체이다. 드론이라는 명칭은 수벌(drone)이 내는 윙윙거리는 소리와 드론이 내는 소리가 유사하다고 하여 붙여졌다. 드론의 장점은 사람이 타지 않기 때문에 소형화가 가능하다는 것이다. 일정 속도와 고도를 유지해야 하는 일반 비행기와는 달리 공간에 정지하거나 수직 이착륙이 가능하다. 드론에 자율주행 기술을 적용하면 개개의 드론을 사람이 일일이 조종할 필요가 없게 될 것이고, 인공지능이 수천 개의 드론을 일사불란하게 조종할 수 있다. 한편으로 무선통신의 발전은 드론을 좀 더 효율적으로 조종할 수 있게 할 것이다.

드론은 그 적용이 거의 무한하다고 할 수 있다. 택시용 드론과 택배용 드론처럼 사람이나 물건을 운반하는 데 사용될 수 있다. 방송 촬영용 드론은 이제까지 보지 못했던 위치에서 대상물의 사진과 영상을 찍을 수 있게 하였다. 평창 동계 올림픽에서 보았듯이 특정한 모양을 공중에 만들어 내는 등 공연용으로도 사용 가능하다. 이 밖에도 드론은 수색·정찰 및 구조 활동에 사용되는 군사용 드론과, 농약 살포에 사용되는 농업용 드론 등 다양한 분야에 적용되고 있다. 촬영용 드론은 짐벌(Gimbal)이라는 장치를 사용하는데, 이것은 드론의 움직임이나 흔들림에 관계없이 드론에 달린 카메라를 정립 상태로 유지하여 영상의 흔들림을 방지하는 기계 장치이다.

드론 사용에는 단점도 있다. 우선 드론은 배터리로 작동하기 때문에 배터리 성능에 비례하여 비행 시간이 결정된다. 배터리의 무게 또한 비행 시간을 제한하는 요소이다. 앞서 언급한 아퀼라 드론은 장시간 비행을 위해 태양광 전지를 사용하기도 한다. 드론은 카메라를 싣고 어디든 비행이 가능하므로 사생활 침해에 악용될 수도 있다. 비행 금지 구역의 설정 등이 필요한 이유이다. 드론이 전쟁이나 테러에 사용될 수 있다는 것도 문제다. 미래에는 사람이 아니라 총을 든 로봇이나 폭탄을 실어 나르는 드론에 의해 전쟁이 치러질 가능성이 크다. 2018년 런던의 개트윅 공항에 정체불명의 드론이 출현하여 테러를 염려한 공항 당국이 공항을 일시적으로 폐쇄하기도 했다. 이로 인해 드론을 무력화하는 반(反)드론 기술이 주목받기 시작했는데, 방해 전파나 레이저 쏘기, GPS 교란, 다른 드론과 충돌시키거나 강한 전기장을 걸어 작동을 방해하는 등 다양한 방법이 개발되고 있다.

3D 프린팅

2차원적인 평면 인쇄를 반복하여 겹치면 입체적인 형태를 만들어 낼 수 있는데, 이를 3D 프린팅이라 한다. 잉크를 사용하는 대신 플라스틱이나 금속, 시멘트와 같이 다양한 재료를 사용하여 인공 뼈나 장기, 생활용품, 기계 부품, 천 등의 다양한 물건을 만들어 낼 수 있다.

3D 프린팅의 장점은 복잡한 제조 과정을 간단하게 할 수 있다는 것이다. 제품의 형태를 잡는 틀을 따로 제작할 필요가 없으므로 제품을 싼값에 빠르게 생산할 수 있으며 복잡하고 정교한 디자인의 제품도 쉽게 생산할 수 있다. 기존의 대량생산 공장은 제품 생산에 필요한 틀이 일단 만들어지면 많은 수의 제품을 싸게 생산할 수 있었으나 적은 양의 제품을 생산하는 경우는 생산 단가가 높아질 수밖에 없었다. 그러나 3D 프린팅을 이용하면 소량의 제품을 개별 소비자의 요구에 맞춰서 제작하더라도 싼값을 유지할 수 있다는 장점이 있다. 이러한 장점은 의료 분야에서 빛을 발하게 되는데, 환자 개개인의 몸에 꼭 맞는 구조를 자유롭게 제작할 수 있기 때문이다. 예를 들어 인공관절을 생각해 보면, 사람마다 조금씩 다른 인체 구조를 반영한 맞춤형 인공관절을 제작할 수 있다. 생산 업체의 애로사항 중 하나는 재고 관리인데, 수요를 예상하여 생산할 수는 있으나 한계가 있고, 대량생산 시설을 운영하면서 소비가 원활하지 않으면 재고가 쌓이게 된다. 3D 프린팅을 사용하는 경우는 부품을 미리 생산하지 않아도 되기에 재고 관리가 용이하다. 기존의 제조업은 대규모 자본의 투입이 필요하다. 공장과 생산 시설 및 인력을 갖추어야 하기 때문이다. 하지만 3D 프린팅은 이러한 요구사항이 없고 3D 프린팅 시설만 있다면 누구나 생산업에 종사할 수 있어 사회의 획일성을 줄이고 제조업의 개인화에 이바지할 것이다.

2020년 코로나 바이러스의 전 세계 감염에 대항하는 물품의 제작에도 3D 프린팅이 활약하고 있다. 마스크, 손으로 만질 필요가 없는 문고리, 손 소독제 걸이, 인공호흡기 밸브와 같은 물품을 제작하는 데

3D 프린팅이 사용되고 있다. 더 나아가 제품 제작에 필요한 설계도나 제품 디자인 파일을 기업이나 개발자가 인터넷에 공개하여 3D 프린팅 시설만 있다면 누구나 만들어 낼 수 있다.

앞에서도 언급했듯이 3D 프린팅으로 가장 큰 혜택을 받을 분야는 의료 분야이다. 개개 환자의 치료에 필요한 장기나 조직, 인공 뼈 등을 제작할 수 있기 때문이다. 기기 분야에서도 항공기나 자동차, 오토바이에 필요한 금속 제품을 3D 프린팅으로 생산할 것이다. 건축 분야에서는 집이나 다리 등을 지을 때 3D 프린팅을 실제로 이용하는 경우가 점점 늘고 있다. 3D 프린팅은 심지어 음식 분야에도 사용되고 있는데, 3D 프린팅 기술을 이용하여 실제와 똑같은 모양과 식감, 맛을 가진 스테이크를 만들어 내는 데 성공했다.

이러한 다양한 장점에도 불구하고 3D 프린팅은 일부 분야를 제외하고는 아직 완전 실용화 단계로 진입하지 못하고 있다. 그 이유는 3D 프린터의 출력 속도가 낮아 기존의 대량생산 방식보다 제품 제작에 소요되는 시간이 길기 때문이다. 이로 인해 3D 프린팅은 직접적인 제품 생산보다는 시제품 제작에만 사용되는 경우가 많다. 소재 또한 플라스틱 중심으로 발전하고 있어 금속이나 시멘트 등을 사용하는 경우는 많지 않다. 출력물의 크기가 3D 프린터 크기에 의해 결정된다는 점도 한계다. 제일 큰 문제는 품질이 기존 제품보다 못한 경우가 많아 수익성이 낮기 때문에 산업현장에서 많이 활용되지 않는다는 것이다. 결론적으로 현재로는 3D 프린팅이 소량의 시제품 생산이나 고가의 맞춤형 부품 제작에 주로 사용되고 있으며, 대량생산에 적합해지려면 더 많은 시간과 노력이 필요하다.

헬스케어

미래의 의료에 해당하는 헬스케어는 자율주행과 함께 제4차 산업혁명으로 인해 가장 큰 혜택을 받을 분야이다. 인공지능 의사가 환자를 응대하고 진단 및 치료를 할 것이며 수술 로봇과 나노로봇이 의사의 수술을 도와줄 것이다. 의사와 환자가 컴퓨터 스크린을 통해 대화하는 원격진료뿐만 아니라 각종 웨어러블 센서가 환자의 신체 정보를 실시간으로 병원에 전송하게 될 것이다. 소프트 아이언맨으로 대변되는 웨어러블 로봇은 신체적인 결함을 보완하여 환자의 활동을 원활하게 할 것이며, 사람은 인공 팔다리나 인공 장기를 장착하여 인간이라는 생물학적 한계를 벗어난 증강인간으로 탈바꿈할 것이다. 가상현실 기술을 이용하여 시각장애 혹은 우울증과 같은 정신적 문제를 치료할 수 있을 것이다. 유전체의 염기서열 분석을 통해 유전자 검사를 하게 되면 개개인의 유전 질병까지도 맞춤형 치료가 가능하다. 구체적으로 보면, 유전자 가위 기술을 이용하여 유전체를 교정할 수도 있고, 인체에 해가 없는 바이러스에 정상 유전자를 실어 유전체에 전달하는 유전자 치료는 질병의 근원적인 치료에 도전할 것이다. 줄기세포를 이용한 치료와 이종 장기이식(돼지와 같이 다른 종의 장기를 사람에게 이식하는 기술) 또한 상용화되어 우리는 이전까지 어떤 세대도 누리지 못했던 다양한 과학기술의 세례를 받으며 백세시대를 살아갈 것이다.

인공지능 의사는 한 달에 수천 건 이상 발표되는 의료 관련 연구논문과 대량의 고품질 임상시험 결과를 실시간으로 파악하여 환자의 진단과 치료에 적용할 수 있다. 이미 IBM의 인공지능 의사 왓슨은 일부 국내 대형병원에서 진단과 치료에 참여하면서 의료진과 함께 환자의 상태를 분석하고 몇 초 만에 맞춤형 치료 방법을 제시하고 있다. 그러나 아직은 다양한 변수에 대한 적절한 대응력이 부족하여 보조적인 역할에 그치고 있다.

인공지능 의사의 활용은 앞으로 계속 개선될 것이다. 구체적인 예를 몇 가지 들면 다음과 같다. 덴마크 코펜하겐의 의료기기 회사에서 개발한 코르티(Corti)라는 인공지능 의사는 환자의 미세한 숨소리와 말소리를 분석하여 심장마비를 예측하는데, 사람 의사(73%)보다 더 높은 정확도(92%)로 심장마비를 예측한다고 한다. 다른 인공지능은 사람의 목소리를 듣고 심리 상태를 분석하여 우울증과 자살 전조 증상을 탐지할 수 있다. 피부 질환을 진단하는 인공지능도 개발되었다. 제약회사 리오 파마(LEO Pharma)에서 개발한 이매진이라는 스마트폰 앱은 피부 질환 사진을 찍어 전송하면 어떤 질환인지 알려 준다. 이는 수많은 피부 질환 관련 사진을 빅데이터로 하여 인공지능을 학습시킨 결과이다. 최근 구글은 인도와 미국의 병원으로부터 안구 이미지 13만 개와 88만 건의 진단 데이터를 확보한 후 이를 인공지능에 학습시켜 당뇨병성 망막증 환자가 실명할 것인지를 예측하는 시스템을 내놓기도 했다. 중국에서는 대장 내시경 사진을 빅데이터화하여 대장 용종을 진단할 수 있게 하였는데, 소형 선종이나 작은 용종과 같이 의사들도 놓치기 쉬운 혹을 정확히 발견할 수 있다고 한다. 또한 200여 가지 유전성 질병을 앓는 환자들의 얼굴 사진 1만 7천여 장을 인공지능에게 학습시켜 사람의 얼굴 사진을 보고 희귀 유전질환 유무를 진단할 수 있게 하였다.

원격진료 차원에서 소개할 것은 프랑스의 회사 H4D에서 내놓은 '의료 캐빈'이라는 캡슐형 진료소이다. 프랑스, 캐나다, 미국 등 7개 나라의 기업, 대학, 관공서 등 60여 곳에 설치된 의료 캐빈에 들어서면 모니터를 통해 실시간으로 의사와 상담을 할 수 있고 내부에 설치된 측정 기구를 통해 간단한 진찰도 가능하다. 이 사업에 참여하는 의사들은 세계 각지의 병원에서 실제로 환자를 치료하는 의사들로, 350여 명에 달하며 이들은 자신의 여유시간에 맞춰 진료 신청에 응할 수 있다. 2018년 한 해에만 2만 명의 환자가 진료를 받았는데, 환자들은 진료를 받기 위해 먼 거리를 이동하고 오랫동안 기다릴 필요가 없어 좋고 의사들은 부수입을 얻을 수 있어 좋은, 환자와 의사 서로에게 도움이 되는 시스템이다.

위장에서 발생하는 질병을 진단하는 캡슐형 내시경도 제4차 산업혁명으로 인해 진화를 거듭하고 있다. 커다란 캡슐 형태의 내시경을 삼키면 장의 연동운동에 따라 이동하며 영상을 찍어 원격으로 전달해 주는 기본적인 형태의 1세대 캡슐형 내시경이 현재 사용되고 있다. 앞으로 개발될 2세대는 캡슐에 자석을 심고 이를 이용하여 외부에서 움직임을 제어할 수 있을 것이다. 3세대 캡슐형 내시경은 영상 진단 기능에 더하여, 조직 채취를 위한 칼날을 탑재한 생체 검사 모듈과, 소량의 약물을 주입할 미세침을 탑재한 약물 주입 모듈 형태로 개발 중이다.

사람의 신체에 기계적인 팔다리나 인공의 눈이나 귀와 같은 감각기관을 장착한 경우 증강인간, 강화인간, 사이보그, 로보 사피엔스 등 다양한 이름으로 불린다. 유전체 교정이나 유전자 치료를 통해 유전체가 변형된 경우나 백신 주사를 통해 병원균에 대항하는 항체를 새롭게 가지게 된 경우도 크게 보면 증강인간의 범주에 해당한다. 이러한 다양한 기술들은 장애인의 신체 기능을 회복하고 환자의 질병을 치료하기 위해 개발되었으나 앞으로는 점점 정상인의 능력을 향상하여 생물학적 인간보다 뛰어난 능력을 갖춘 인간의 탄생을 불러올 것이다. 심지어는 뇌파를 분석하는 장치를 머리에 쓰거나 미세 전극을 뇌에 삽입하여 생각만으로 다른 사람에게 문자를 보내거나 로봇을 조종하는 방법도 개발 중이다. 이러한 시도는 디지털 기술을 신체에 융합시켜 인간 사이의 소통이나 인간과 사물이 서로 소통하게 하는 의식기술(conscious technology)의 시대를 여는 데 이바지할 것이다. 물론 정상인에 대한 사용은 인간성 상실에 대한 우려가 있어 실질적인 사용에는 사회적인 합의가 선행되어야 할 것이다.

가상현실을 치료에 이용하려는 시도도 있다. 미국의 바이오벤처 뉴냅스는 뉴냅 비전이라는 시각장애 치료 프로그램을 개발하여 임상시험을 승인받았다. 이들이 대상으로 하는 환자군은 눈과 시신경은 온전하지만, 시각을 처리하는 뇌 부위가 손상된 사람들이다. 이들은 가상현실을 이용하여 뇌에 지속적으로 자극을 가해 뇌의 다른 부분에서 시각 정보를 처리하는 능력이 생겨나도록 유도하는 방식을 시도하고 있다. 또한 힐리움이라는 회사는 가상현실을 이용한 여행을 통해 사용자의 스트레스와 불안, 고통을 감소시키려는 시도를 하고 있다.

앞으로 다가올 미래는 환자 개개인의 유전적 성향을 파악하고 이에 맞는 치료법을 적용하는 맞춤 의료의 시대이다. 30년 전 당뇨를 치료할 때는 모든 당뇨병 환자에게 동일한 치료제를 투여하였다. 그러나 어떤 치료제라도 모든 환자를 치료할 수는 없었고 일부 환자에게만 효능이 있었다. 같은 약제에 대한 개개인의 효능 차이가 사람마다 유전적 배경이 서로 다르기 때문이라는 것을 짐작할 수 있었으나 구체적으로 무엇 때문인지는 알 수 없었다. 유일한 해결책은 약을 써 보고 환자의 상태가 호전되는지를 지켜보는 것이었다. 그러나 인간 게놈 프로젝트로 인해 사람의 유전체를 분석하게 되면서 상황이 바뀌고 있다. 대규모 임상 데이터를 바탕으로 치료약에 반응하는 그룹과 반응하지 않는 그룹 사이의 유전적 차이를 분석하면 치료약에 반응하는 유전적 배경과 반응하지 않는 유전적 배경의 차이를 파악할 수 있다. 앞으로는 유전자 검사를 통해 특정 치료약에 반응하는 유전적 배경을 가졌는지를 미리 확인하여 효과적인 치료를 할 수 있다.

유전자 검사는 치료약에 대한 반응성을 예상하는 경우에만 국한되지 않고 그 적용이 무한하다. 특정 질병 및 암의 발생을 예측할 수 있을 뿐만 아니라 피부에 맞는 화장품을 추천하거나 몸에 맞는 다이어트 방식, 개개인에게 적절한 수면 패턴, 입맛에 맞는 포도주 추천 등 다양한 분야에 이용될 것이다. 이러한 다양한 응용이 가능한 이유는 유전자 검사 비용이 낮아졌기 때문이다. 미국의 유전자 검사 회사인 23andMe는 유전자 검사를 원하는 사람에게 면봉을 보내 준다. 면봉으로 입안을 긁고 봉인하여 우편으로 보내면서 10만 원 정도의 비용을 지불하면 다양한 유전자 검사를 받을 수 있다. 물론 현재로서는 유전자 검사를 토대로 한 예측을 어느 정도 신뢰할 수 있을지 의문이 생기지만 더 많은 정보가 축적될수록 신뢰도가 높아질 것이다.

교육

인공지능이 전문직 종사자의 역할을 위협할 뿐만 아니라 그림과 음악, 문학과 같은 창의적인 직종에도 뛰어들면서 미래의 교육은 무엇을 목표로 해야 할지 고민이 깊어지고 있다. 미래에는 지식 전달 위주의 교육은 그 비중이 점점 줄어들 것이다. 간단한 문제는 물론이요 어려운 문제도 컴퓨터가 답해 줄 것이기에 사람은 창의적인 사고를 통해 기존의 세상에 존재하는 질문을 벗어나는 위대한 질문을 던질 수 있어야 할 것이다. 대화식 학습을 통한 창의적인 사고와 공감 능력을 길러야 한다. 그렇다고 인공지능을 무조건 겁낼 필요는 없다. 미국의 로봇공학자 한스 모라벡 교수가 주장한 '모라벡의 역설'에 따르면 인간에게 쉬운 것은 컴퓨터에게 어렵고 반대로 인간에게 어려운 것은 컴퓨터에게 쉽다. 지금까지 우리가 가져 왔던 수많은 직업은 컴퓨터와 로봇에 의해 잠식당하겠지만 없어진 것보다 더 많은 새로운 직업이 생겨날 것이다. 예를 들어 운전기사, 여행사 직원, 은행 창구원 및 생산직 종사자 같은 직업은 없어지겠지만 인공지능 및 자율주행, 드론, 에너지, 헬스케어 등의 분야에서 새로운 직업들이 더 많이 생겨나서 많은 사람이 대량으로 실직할 가능성은 줄어들 것이다.

그렇다면 교육은 구체적으로 무엇을 가르쳐야 할까? 여기에 고려해야 할 것은 현재 과학기술의 발달 속도가 너무나 빠르므로 미래에 필요한 지식이 무엇일지 예측조차 쉽지 않다는 것이다. 『사피엔스』의 저자 유발 하라리는 "지금의 아이들은 선생님이나 연장자로부터 배워 인생을 준비하는 것이 불가능한 역사상 첫 세대가 될지 모른다."라고 하였다. 현재까지의 교육은 분야별로 기존의 지식을 습득하게 하고, 이를 배운 사람은 성인이 되어 배운 것을 이용하여 수입을 얻었다. 따라서 인생은 배우는 시기와 배운 것을 활용하는 시기로 나뉘었다. 그러나 앞으로의 교육은 사람에게 자기 자신을 스스로 창조하는 법을 가르치고, 사람은 평생 동안 필요에 따라 스스로 배우면서 변화하는 세계에 적응해야 할 것이다. 평균수명의 증가 또한 이러한 추세를 부추기는 요인으로 작용할 것이다.

미래의 교육이 평생 지속되는 것이면 사람은 살아가면서 필요한 지식을 그때그때 필요에 따라 배워야 할 수밖에 없다. 이러한 추세는 이미 시작되었다. 현재의 인터넷에는 온갖 종류의 온라인 강좌 및 정보들로 넘쳐 나고 있다. 시사 상식은 물론이요 전문적인 지식을 설명하는 웹사이트, 블로그, 유튜브와 네이버 동영상이 인터넷을 통해 제공되고 있다. 게다가 무크(massive open online course, MOOC)의 형태로 제공되는 대학 교육 수준의 강좌를 통해, 굳이 대학을 가지 않더라도 전문적인 지식을 얻을 수 있다. 무크는 인터넷을 통해 대단위 강좌를 일반에게 무료로 제공하는 교육 과정으로, 하버드, 스탠퍼드, MIT 등 미국의 유명 대학뿐만 아니라 프랑스, 독일, 중국의 대학들이 참여하여 소속 교수의 다양한 강의를 촬영하여 온라인으로 제공한다. 국내 유명 대학의 강의 또한 한국형 온라인 공개강좌인 K-무크를 통해 제공된다. 영어권 무크 플랫폼은 코세라(Coursera), 에덱스(EdX), 유다시티(Udacity) 등의 사이트에서 제공하고 있는데, 무료로 강의를 수강할 수 있고 일정 비용을 지불하면 강좌 수강 증명서를 받을 수도 있다. 심지어 일부 온라인 과정은 수업료를 내고 정규 학위를 취득할 수도 있다.

지난 100년 동안 많은 것이 바뀌었지만 유일하게 바뀌지 않은 것이 교실의 풍경이라고 말하는 사람들이 많다. 미래에는 교실의 풍경도 바뀔 것이다. 현재의 교실에서는 학생들을 모아 놓고 주로 교과목 중심의 주입식 교육을 한다. 그러나 미래의 교육은 주입식에서 벗어나 팀 프로젝트 중심의 체험 학습을 수행하고, 다수의 학생을 대상으로 하기보다는 개개인에 대한 맞춤형 교육으로 바뀔 것이다. 인공지능의 도움을 받아 학생 개개인의 이해도를 파악하고 이를 바탕으로 모자라는 부분이나 더 키워야 할 부분을 집중적으로 교육하는 방식이 될 것이다. 이와 함께 미래의 대학은 전 세계에 개방되어 누구든 어디에서든 강좌를 수강할 수 있게 되거나 짧은 교육 위주의 마이크로 대학이 대세가 될 것이다.

가상현실과 클라우드

컴퓨터의 비약적인 발전과 더불어 컴퓨터 그래픽(computer graphic, CG)을 포함한 영상 합성 기술도 동시에 정교하게 다듬어지고 있다. 인공지능의 지속적인 발전으로 인해 컴퓨터가 만들어 내는 영상은 현실과 구분이 어려울 정도로 개선될 것이다. 가상현실(virtual reality, VR)은 컴퓨터로 가상의 세계를 만들어 놓고 사용자에게 실제와 같은 체험을 할 수 있도록 하는 것이다. 포켓몬 고로 대변되는 증강현실(augmented reality, AR)은 3차원 가상 이미지를 현실 배경에 겹쳐서 하나의 영상으로 보여 주는 것이다. 가상현실과 증강현실은 스마트폰이나 컴퓨터의 스크린을 통해 구현될 수 있으며, 머리에 장착하는 HMD(head mounted display)라 불리는 고글 형태의 기구를 쓰고 3차원적인 체험을 할 수도 있다. 가상현실은 30년 전부터 개발이 진행되었으나 발전 속도가 느렸다. 그러나 최근 들어 인공지능을 포함한 컴퓨터의 발달과 함께 5G와 같은 고속의 무선통신이 개발되면서 세부적인 내용까지 정교하게 만들어진 가상현실과 증강현실을 빠르게 무선으로 전송할 수 있게 되었다. 앞으로는 HMD를 쓰고 완전한 상상의 세계를 경험할 수 있을 것이다. 역할극 게임(role-playing game)과 같이 가상현실이 만들어 내는 상상의 세계에서는 자신의 모습을 그대로 유지하기보다는 자신의 분신인 아바타로 존재하면서 다른 아바타들과 다양한 관계를 맺을 것이다.

가상현실과 증강현실은 게임뿐만 아니라 쇼핑을 할 때 가상의 공간에서 3차원의 아바타를 통해 옷을 입어 보고 자신에게 맞는 옷인지를 판단하거나, 여행지의 방이나 식당을 미리 둘러보고 예약하는 등의 활동에도 사용될 수 있다. 이 밖에도 방송, 영화, 교육, 의료, 관광, 건축 등의 다양한 분야에서 사용할 수 있다. 시각적인 정보만 전달하는 형태에서 벗어나 냄새나 온도를 느낄 수 있는 가상현실도 개발 중이다.

실존하는 사물이나 환경을 가상의 공간에 동일하게 구현하는 기술을 디지털 쌍둥이(또는 디지털 트윈)라 부른다. 실제의 항공기 엔진을 가상현실에 구축하고 각종 악조건에서 엔진의 성능을 시험할 수 있다. 도시 계획에도 디지털 쌍둥이를 사용할 수 있다. 도시에 수많은 센서를 설치하여 실시간 전송된 정보를 바탕으로 가상의 도시를 컴퓨터에 구축하고 교통 및 기상 상황 등의 데이터를 축적한다. 이렇게 건설된 가상의 도시에서 자연재해가 일어날 때의 상황을 예측하거나 교통 상황이나 물류를 개선할 방법을 개발할 수 있다.

가상현실과 증강현실의 구현에 필요한 대용량의 정보를 저장할 수 있도록 하는 것이 클라우드이다. 클라우드는 인터넷과 연결된 중앙컴퓨터(서버)로서, 이곳에 데이터를 저장하고 언제 어디서든 인터넷에 접속하여 데이터를 이용할 수 있게 한다. 클라우드에는 사진이나 문서 파일을 포함한 각종 디지털 자료를 저장할 수 있으며, 때에 따라서는 클라우드에서 각종 소프트웨어를 실행하고 단말기는 입출력만 하는 시스템을 구축할 수도 있다. 유선 혹은 무선을 통한 정보의 흐름이 원활해지면서 영화도 클라우드에서 스트리밍으로 받아 볼 수 있다. 스트리밍은 끊임없이 흐르는 물처럼 인터넷에서 음성이나 영상, 애니메이션 등을 실시간으로 재생하는 기술을 뜻한다. 클라우드에서 영상이나 애니메이션을 재생하여 보내 주므로 스마트폰과 같은 단말기에서는 따로 영상을 구동하는 소프트웨어를 설치할 필요가 없다는 장점이 있다. 멜론으로 듣는 음악이나 유튜브, 넷플릭스, 네이버 등에서 볼 수 있는 동영상 등이 스트리밍의 예이다. 5G 무선통신을 사용하면 고성능 컴퓨터를 요구하는 게임마저도 스트리밍으로 즐길 수 있어 사양이 높은 단말기를 사용할 필요가 없어진다. 인공지능의 발달과 로봇을 이용한 자동화에도 클라우드가 기여할 수 있다. 클라우드 서버에 고성능의 인공지능을 설치하고 자율주행 자동차나 배달 로봇, 드론 등이 서버의 명령에 따라 지도를 전송받고 운행한다면 고가의 인공지능을 개별 기기에 장착할 필요가 없어지기 때문에 자동화 시스템의 운영에 필요한 비용을 절감할 수 있다.

먼 훗날에는 클라우드의 발달로 인해 인간이 가진 모든 정보와 기억 및 사고 체계를 디지털화하여 클라우드에 올릴 수 있는 날이 올 것이다. 클리우드에 존재하는 인간의 분신은 가상의 세계 속에 살게 될 것이다. 클라우드가 만들어 내는 이러한 3차원의 가상 세계를 메타버스라 한다. 메타버스는 유니버스(현실 세계를 의미)와 메타(가공 및 추상을 의미)를 합성해 만든 용어이다. 물론 이러한 상황이 실현되려면 몇 가지 선행되어야 할 것이 있다. 우선 한 사람의 독특한 사고 체계를 컴퓨터가 구현할 수 있어야 할 것이다. 또한 클라우드에 존재하는 사람의 정보와 기억이 클라우드를 소유한 기업에 의해 무단으로 사용되는 것을 막도록 설계하여 자신만의 비밀을 따로 간직할 수 있도록 해야 할 것이다. 그렇지 않다면 기업에 의해 자신이 소유되는 것이므로 클라우드에 자신의 모든 것을 올릴 사람이 많지 않을 것이다.

일단 이러한 기술적인 요구사항이 해결되어 개개인의 분신이 메타버스에서 활동하게 된다면 사람은 신과 같은 존재가 될 것이다. 유발 하라리는 자신의 저서 『호모 데우스』에서 사람이 신이 되려 한다고 썼다. 우리는 지구의 먼 곳으로 하루 만에 이동할 수 있고 먼 곳에 있는 사람과 자유롭게 통화할 수 있으며 유전체의 비밀을 해독하여 박테리아나 효모에서 새로운 종을 만들어 내는 능력을 갖고 있는 등 어떤 면에서는 이미 신의 반열에 올라 있다. 인간이 신보다 부족한 점은 생명이 유한하다는 것이다. 만약 클라우드에 올려진 나의 분신이 나와 같은 사고를 할 수 있고 나의 과거 기억을 고스란히 간직하고 있다면 어떤 의미에서 나는 죽지 않는 불멸의 능력을 얻은 것이라 볼 수 있다. 그리스 신화에 보면 신들의 왕인 제우스는 신의 모습에서 황소로 바뀌었다가 백조가 되기도 하는 등 자신의 형체를 자유롭게 바꿀 수 있다. 먼 훗날 메타버스에서 살고 있을 누군가는 영생을 누리면서 아바타를 통해 자신의 모습을 자유롭게 바꿀 수 있을 것이다. 심지어 무선통신을 이용한다면 메타버스에서 현실 세계에 존재하는 사람 형태의 로봇으로 이동하여 로봇의 행동을 제어할 수도 있고, 원한다면 동물의 형태를 모방한 로봇에 들어가기도 하면서 신과 같은 능력을 발휘할 수 있을 것이다.

과학기술의 발전과 미래 사회

지금까지 과학기술이 앞으로 어떤 방향으로 발전해 나갈지 예측해 보았다. 그렇다면 우리 생활 전반에는 어떤 변화가 일어날까? 제4차 산업혁명으로 일어날 미래의 과학기술 발달은 인류에게 안전하고 쾌적한 환경을 제공하고 생활의 편리성과 효율성을 높여 줄 것이다. 그러나 한편으로 실업 문제와 인간성 상실 그리고 인간의 고립을 초래할 것이라 걱정하는 사람들도 있다.

인공지능의 발달은 인간의 지능을 뛰어넘는 초지능의 도래를 예고하고 있으며 유전체 교정과 신체 기관을 기계로 대체하는 증강인간의 출현으로 인해 인간성 자체가 위협받을 수도 있다. 사물인터넷의 발달로 인한 개인정보 유출 가능성도 높아질 것이다. 1인 기업과 1인 가구의 증가는 인간의 고립을 초래하면서 앞으로는 어떻게 서로 교류할 것인가에 대한 의문을 던지고 있다. 인공지능과 자동화는 생산시설의 무인화를 불러오고 사람들은 사회 변화에 빠르게 적응하여 새로운 시대가 제공하는 새로운 일자리를 찾아야 하는 도전에 직면하게 될 것이다. 한편으로 일부 나라에서 발달하고 있는 안면 인식을 비롯한 생체 인식 기술은 상품 구매는 물론 교통수단 이용과 신원 조회 과정 등을 편리하게 바꾸었지만, 국민의 일거수일투족이 실시간으로 파악되면서 현대판 빅 브라더의 출현을 우려하는 목소리 또한 커지고 있다. 과학기술의 발전으로 인해 점점 커져 가는 국가의 힘과 이를 바탕으로 나날이 짙어져 가는 디지털 전체주의의 그림자 아래에서 개인의 자유를 지켜 내려는 노력이 필요한 시점이다.

전 지구적 연결사회의 출현

2019년 조사에 따르면 전 세계 인구 78억 명 중 45억 명 정도가 인터넷을 사용하고 있을 정도로 많은 사람이 인터넷에 접근할 수 있지만, 아프리카와 라틴 아메리카를 비롯한 일부 아시아의 나라는 아직 인터넷 사용에 어려움을 겪고 있다. 스페이스 X, 원웹 등의 기업은 저궤도 위성을 이용하여 이들 통신 장애 지역에서의 인터넷 접속을 가능하게 하려 노력하고 있다. 이들은 더 나아가 전 지구적인 통신 네트워크를 구축함으로써 자사의 영업에 유리한 환경을 만들기 위해 경쟁하고 있어 가까운 미래에는 전 세계 누구나 손쉽게 인터넷을 사용할 수 있을 것이다. 또한 인공지능의 발달로 실시간 번역의 정확성이 점차 높아지고 있어 사람 사이의 대화와 접촉은 언어의 제약을 벗어나 지구 전체로 확대될 것이다. 이러한 변화는 다양한 문화 간의 활발한 접촉을 유발하고, 궁극적으로는 문화의 융합을 일으킬 것이다.

인터넷의 발달로 방송과 신문 중심의 기존의 미디어는 그 영향력을 점점 잃어 가고 SNS 및 유튜브 기반의 미디어가 그것을 대체해 나가고 있다. 페이스북이나 유튜브를 통한 의견 발표나 정보 제공이 폭발적으로 증가하고 있으며 틱톡과 같은 짧은 동영상 위주의 SNS는 흥미 위주의 내용을 올리며 저변을 확대하고 있다. 구독자를 많이 확보한 사람은 사회적으로 엄청난 영향력을 행사할 뿐만 아니라 큰 수익을 올리고 있다. 이러한 변화에 빠르게 적응하여 이를 잘 이용하는 것이 성공적인 삶의 한 방편이 될 것이다.

여기에 더하여 대규모 전쟁의 감소로 평화로운 환경이 조성되어 있으며, 2010년대에 시작된 가상화폐는 나라 사이의 장벽을 서서히 허물어 사람들 사이의 교류를 더욱 증가시키고 있다. 교통 혁신은 사람의 이동을 좀 더 자유롭게 하여 전 지구의 경제·정치·문화가 통합의 길로 들어서고 있다. 물론 사스, 신종플루, 메르스, 그리고 코로나19와 같은 전염병의 간헐적인 창궐과 러시아-우크라이나 전쟁 발발 등은 이러한 세계화의 대세에 찬물을 끼얹고 일시적으로 국가 간의 장벽을 높이는 결과를 낳을 수 있다. 그러나 국가 간의 문화적 통합은 앞으로 거스를 수 없는 대세가 될 것이다.

인간성의 상실

한편으로 미래 과학기술 발전은 필연적으로 인간성 상실을 예고하고 있다. 미래에 인류를 위협할 과학기술로 예상되는 것은 인공지능과 로봇 그리고 유전체 교정 등이다. 인공지능은 그동안 인간이 해 오던 많은 일을 대체하면서 지금까지 존재하지 않았던 다양하고 새로운 직업을 만들어 낼 것이다. 사람들은 이러한 흐름을 빠르게 읽어 내고 적응해야 하는 숙제를 떠안았다. 또한 인공지능의 발달은 인간의 지능을 능가하는 초지능의 탄생을 예고하고 있어 사람들을 불안하게 한다. 이를 해결하기 위해 인간은 언젠가 인공지능과 융합하여 스스로가 초지능이 되는 길을 택할 수도 있다. 이미 뇌 신경과 컴퓨터를 연결하려는 다양한 시도가 세계 각 대학과 연구소에서 진행 중이다. 물론 이러한 연구는 사지가 마비되었거나 시력장애와 같은 질병을 앓는 환자를 치료하기 위해 개발될 것이지만 일반인의 능력을 개선하기 위해 쓰고자 하는 유혹을 떨치기 어려울 것이다.

유전체 교정은 크게 유전자 가위를 이용한 기술과 유전자 치료를 이용하는 기술로 나뉜다. 이 중 사람에게 해가 없는 바이러스에 정상 유전자를 실어 몸에 주입하는 유전자 치료는 이미 상용화되어 희귀 유전병 치료에 이용되고 있다. 인간 유전체에 대한 분석 자료가 점차 증가하면서 총 3만 개에 달하는 유전자의 기능에 대한 이해가 점점 깊어지고 있다. 모든 유전자의 기능을 파악할 미래에는 암을 포함한 다양한 질병의 치료와 노화 방지에 유전체 교정 기술이 이용될 것이다. 더 나은 2세를 낳고 싶은 부모가 자식의 수정란에 유전체 교정을 적용하여 영리하고 건강한 아이를 만들려는 시도는 윤리 문제로 인해 현재는 실행되지 못하고 있지만, 선천성 질병을 막는다는 구실 아래 점점 그 적용이 확대될 가능성이 크다.

다양한 종류의 로봇 중에서도 사람의 활동을 보조하는 로봇이 활발하게 개발되고 있다. 인간의 활동을 보조하는 외골격이나 소프트 아이언맨과 같이 입는 로봇뿐만 아니라 노화로 인한 기관이나 장기의 기능 저하를 대체할 인공 장기 및 기관, 사고로 사지를 잃은 사람을 대상으로 한 인공 팔다리 등이 개발 중이다. 만약 인공으로 제작된 기계가 부작용 없이 장기나 기관을 대체할 수 있다면 그 수요가 폭발적으로 늘어날 것이다. 심지어 이러한 기계를 장착한 사람이 때에 따라서는 일반인의 능력을 넘어설 수도 있다. 한편으로 로봇의 개발로 인한 자동화는 인간의 일자리를 위협하기 시작할 것이고 로봇과의 경쟁에서 뒤처지지 않기 위해 인간은 로봇과 하나가 되는 길을 택할 수도 있다.

인공지능이나 로봇과 결합하여 인간의 능력을 증강시키거나 유전체 교정을 통해 인체를 개선하려는 시도는 자신의 경쟁력을 높이고 싶은 인간의 욕망이 더해져서 그 정도가 점점 더 심해질 것이다. 그리고 이러한 시도는 인간성 상실을 재촉하여 어느 선을 넘어서면 인간은 지금과 다른 종이 될 수도 있다. 인공지능의 발달과 유전체 교정에 의한 인간성 상실에 대비하기 위해서는 이들 기술을 어느 수준까지 발전시키고 어떻게 쓸 것인가에 대한 합의가 필요하다. 또한 로봇과 인간이 공존하기 위해서는 인간이 꺼리는 일을 로봇에게 시키고 사람은 보람을 느끼는 일에 집중하도록 하는 안전장치를 마련하는 등 다양한 사회적 합의와 제도적 노력이 필요하다.

인간은 고립될 것인가?

산업혁명이 가져온 도시화와 직업의 전문화 그리고 교통의 발달은 가족의 해체를 불러오고 있다. 산업화 이전의 가족 형태는 3대가 같이 생활하는 대가족 위주였으나 산업화가 진행되면서 부모와 자식으로 이루어진 핵가족으로 바뀌었다. 많은 선진국에서 공통으로 겪고 있는 결혼 기피와 이혼율 증가는 1인 가구의 증가로 이어져 경제 및 사회 구조의 변화를 촉발하고 있다. 한국에서도 1인 가구의 비율이 2021년 들어 전체 가구의 33%를 넘어섰다. 물론 전통적인 가족의 형태는 없어지지 않겠지만 그 비율은 점차 줄어들 것이다.

평균수명의 증가와 교통의 발달은 한곳에 매여 살지 않고 그때그때의 필요에 따라 떠돌아다니는 노마드족(원하는 목적을 이루기 위해 여러 곳을 돌아다니는 사람 또는 그런 무리)의 출현을 앞당길 것이다. 이러한 경향을 더 가속화하는 것은 과학기술의 빠른 발전이다. 앞으로 사람들은 평생 한 가지 직업에만 종사하기 어려워져 끊임없이 새로운 일과 직장을 찾아다니면서 한곳에 머물기가 점점 더 어려워질 것이다.

전통적인 가족은 그 구성원에게 정서적·사회적·경제적·물질적 지원을 제공해 왔다. 전통적인 가족의 해체가 예상되는 미래 사회에서 인간은 어떻게 외로움을 해소할 수 있을까? 프랑스에서 1999년에 제정된 팍스(Pacte Civile de Solidarité, PACS)가 한 가지 해답을 제시하고 있다. 우리말로 풀면 시민연대조약이라 불리는 팍스는 인척 관계가 아닌, 동성 혹은 이성의 두 성인이 서명한 계약서를 법원에 제출하면 효력이 발생하는데, 상대방에 대한 상속도 가능하고 세금과 관련된 혜택을 받을 수도 있다. 이성 간의 결혼을 대체하는 계약적 연대 혹은 서로에게 가족과 같은 도움을 줄 수 있는 사람들 사이의 싱글 공동체가 미래 사회의 한 모습일 수 있다. 이러한 경향을 증명하듯이 우리나라도 가족이 아닌 친구 혹은 연인과 생활하는 비(非)친족 가구가 2021년 전체 가구의 2%(인원으로는 약 100만 명)를 넘어선다는 통계청의 발표가 있었다.

인터넷 및 통신의 발달은 재택근무가 가능한 환경을 조성하였고 코로나 바이러스와 같은 전염병의 확산은 이를 반강제적으로 적용하게 하였다. 집에서 인터넷이나 통신을 통해 동료와 통화하고 회사의 서버에 접속해 업무를 수행하며 보고서를 제출할 수 있다. 3D 프린팅을 이용한 생산 방식의 변화와 생산 시설의 로봇화는 제조업의 소형화 혹은 무인화를 불러와 대단위 직장이 사라지고 대부분이 프리랜서인 1인 기업의 숫자를 늘릴 것이다. 지금까지 개인의 사회생활은 직장이 중심이었는데, 이러한 변화는 앞으로 인간이 서로 어떻게 교류할 것인가에 대한 고민거리를 던져 준다.

한편, 로봇과 자동화의 발전으로 인해 무인화도 가속될 것이다. 운전자가 필요 없는 자율주행차를 비롯하여 계산원이 필요하지 않은 아마존 고와 같은 무인화 매장, 공장의 무인 생산 시설, 무인 계산대, 로봇 배송, 드론 배달 등 다양한 분야에서 사람에 대한 의존성이 줄어들고 있다. 심지어 반려동물마저 반려 로봇으로 대체되어 생명체와의 접촉 자체가 줄어들 수 있다. 2020년의 코로나 바이러스 사태에서 볼 수 있듯이 감염병에 대한 공포는 무인화를 재촉할 것이며 사람 사이의 물리적 접촉을 최소화하는 비대면(untact)의 시대를 열고 있다. 이러한 비대면의 시대를 인공지능이 재촉할 가능성이 크다. 왜냐하면 인공지능이 사람을 대신하여 개개인의 성격과 취향을 정확하게 파악하고 맞춤형 서비스를 제공하는 개인 비서 혹은 더 나아가 엄마와 같은 역할을 할 것이기 때문이다.

그렇다면, 인간은 결국 컴퓨터와 로봇에 둘러싸여 고립되고 말 것인가? 이미 그러한 징후들이 나타나고 있다. 지하철과 버스 같은 교통수단을 이용하거나 엘리베이터를 탈 때 옆 사람과 대화하기보다는 스마트폰을 들여다본다. 점점 더 많은 사람이 전화보다는 문자나 SNS를 통한 소통을 선호하고 있다. 가정에서 가족이 거실에 모여 앉아 TV를 보면서 도란도란 이야기하는 광경은 이제 흔한 일상이 아니다. 심지어 같은 장소에 있어도 SNS를 통해 대화한다. 스마트폰에 지나치게 몰두하여 대화 상대를 무시하는 행동을 묘사하는 퓨빙(phubbing)이라는 단어도 등장했다. 우리나라의 20대는 타인과의 대화를 두려워해서 음식도 비대면 주문을 선호하는 경향이 있다고 한다. 이러한 변화로 인해 미래의 인간은 가족과 사회의 틀을 벗어나 고립된 존재 혹은 개별화된 존재가 될 것이다. 그렇다면 인간은 자신의 고립을 어떻게 해소할 것인가? 결국은 과학기술에 답이 있다. 인터넷과 통신 그리고 SNS의 발

같은 관심을 공유하는 사람들끼리의 교류와 연결을 강화하고 사람들은 이를 통해 고립을 해소하려 할 것이다. 혹자는 이를 개인의 네크워크화로 규정하기도 한다.

생산 방식의 자동화로 인한 노동에서의 해방과 재택근무로 인한 출퇴근 시간의 감소는 인류의 여가를 증가시킬 것이다. 앞으로는 일주일에 3일만 일하고 나머지 4일은 주말이 될지도 모른다. 그렇다면 인류는 여가를 어떻게 보낼까? 여행을 즐길 수 있다. 그러나 인플루엔자 바이러스나 코로나 바이러스의 간헐적인 대유행을 경험한 인류는 이제 더 이상 여행에 가치를 부여하지 않을지도 모른다. 유력한 다른 한 가지 선택은 가상현실이다. 흔히 인간은 상상의 동물이라 한다. 인간이 동물과 다른 점은 복잡한 언어를 통해 소통하면서 그 언어가 만들어 내는 가상의 상황을 머리에 떠올리고 공유할 수 있다는 것이다. 상상을 통해 현실에 존재하지 않는 것을 창조해 낼 수 있게 된 인간은 종교와 신을 만들어 냈다. 종교는 더 많은 사람이 서로 단합할 수 있게 하여 국가를 만들고 인간을 지구상에서 가장 우세한 종족이 되도록 하였다. 그러나 자연과학의 발달은 신에 대한 의존성을 점차 낮추고 있다. 이제 인간은 종교와 신화에 의지하지 않고 클라우드가 만들어 내는 가상현실의 세계(메타버스)에서 다른 차원의 세계를 건설하고 그곳에서 여가를 보낼지도 모른다. 가상현실에 빠지는 것이 가능할 것인가 의문을 던지는 사람도 있을 수 있다. 그러나 잘 만들어진 비현실적인 영화나 역할극 게임(role-playing game), 포켓몬 고 등에 환호하고 몰두하는 우리를 되돌아본다면 이러한 예상은 빗나가지 않을 것 같다. 인간이 삶의 의미를 가상현실에서 찾는 날이 와서 모두가 가상현실에 빠져 현실을 외면하게 된다면 현실 세계는 과연 어떻게 변화할까?

지금까지 과학기술의 발전이라는 관점에서 미래 사회의 문화에 대해 생각해 보았다. 인공지능, 로봇, 유전체 교정의 발전으로 인한 인간성 상실을 막기 위해서는 이들 기술을 어느 수준까지 발전시킬지에 대한 합의가 필요하며, 인간의 영역과 기계의 영역을 분명히 구분하여 서로 공존 가능한 체제를 갖추어야 한다. 1인 기업과 1인 가구의 증가로 인한 인간의 고립은 피할 수 없는 흐름이지만 전 지구적 연결사회의 출현으로 인해 우리는 국경을 뛰어넘는 새로운 형태의 교류와 연대를 통해 인간의 개별화로 인한 피해를 줄일 수 있도록 노력해야 할 것이다. 이와 더불어 사람 사이의 관계 성립을 좀 더 유연하게 인정하는 사회 제도의 도입이 필요한 시기가 올 것이다. 가상현실은 점점 더 그 이용의 저변을 넓히고 있으며 어느 시점에 들어서면 가상과 현실이 구분되기 어려워질 수도 있다. 가상과 현실이 하나가 되는 세상에서 현실 세계가 어떻게 바뀔 것인가에 대한 고민도 필요하다.

변화와 도전을 받아들이자

끝으로 과학기술의 발전을 대하는 우리의 자세에 대해 언급하고자 한다. 우리 대한민국은 지난 70년간 세계에서 유래를 찾아볼 수 없을 정도로 빠른 경제성장을 이룩하고 선진국으로 인정받기 시작했다. 이러한 발전의 원동력은 70년 전에 우리가 도입한 자유시장경제와 민주주의 체제라 할 수 있다. 사회적 시스템을 어떻게 구성하느냐와 더불어 변화와 도전에 대한 우리의 자세 또한 번영의 중요한 요소가 된다.

먼 옛날을 돌아보면 신라는 불교를 국교로 삼아 삼국을 통일하고 번영을 이루었다. 불교는 인도에서 발원하였으며 중국의 수나라와 당나라는 불교를 받아들여 융성하였다. 4세기경 중국에서 삼국으로 전해진 불교는 사상의 단일화를 통해 나라의 힘을 결집하고 임금의 권위를 높여 국가의 안정을 도모하는 역할을 하였다. 백성들은 현세에서 자비를 실천하면 다음 생에서 보답을 받는다는 불교의 가르침을 통해 위안을 받았다. 고구려, 백제, 신라 등 삼국은 불교를 받아들임으로써 많은 사람을 효과적으로 통치하고 나라의 기틀을 세운 것이다.

중국의 송나라와 원나라는 주자 성리학이라는 국가 이념을 바탕으로 발전한 나라들이었다. 특히 11세기경 송나라에서는 이앙법, 새로운 품종의 벼, 비료 등을 사용하는 앞선 농법을 개발하여 농업 생산성이 높아지고 비단, 차, 도자기 산업이 발달하였다. 세계 최초로 지폐를 발행하고 화약을 개발하였으며 목화를 재배하여 의류 혁명이 일어났다. '친구 따라 강남 간다' 혹은 '강남 갔던 제비가 돌아왔다'라는 말이 있는데, 이때의 강남이 바로 송나라가 있던 양자강 이남을 뜻한다. 조선을 개국한 이성계는 발달한 이들 문물을 적극적으로 수용하고자 하였으며, 이를 위해 주자 성리학을 나라의 이념으로 받아들였다.

조선은 주자 성리학을 받아들여 나라의 문물을 정비하여 초기의 번영을 이루어 내었다. 그러나 임진왜란과 병자호란을 거치며 사회적 혼란을 겪게 된다. 혼란을 수습하고 번영을 이루기 위해서는 새로운 사상과 체제가 필요한 시기였지만 변화를 만들어 내지 못하고 오히려 기존의 성리학을 무비판적으로 받아들여 고착화시키는 교조주의적 상황에 빠지게 된다. 19세기 들어서는 앞선 서양 문물에 대해 쇄국주의적인 입장을 견지하면서 발달한 문물을 받아들이지 못하고 뒤처지게 된다. 중앙집권적인 조선에 비해 일본은 임진왜란 이후 막번 체제(중앙의 막부와 지방의 번을 통해 국가를 운영하는 체제)를 확립하고 에도 시대 이후 상업적인 번영을 구가하였다. 막번 체제가 쇠퇴하면서 어려움을 겪던 일본은 1854년 미국과의 수교를 거치면서 메이지유신을 단행하고 서양 문물을 적극적으로 받아들여 근대국가의 길로 들어선다. 조선도 1882년 조미수호통상조약을 맺고 서양의 문물을 받아들이기 시작하였으나 국가 체제를 바꾸는 적극적인 개혁을 이루어 내지 못하고 표류하다가 36년간이나 일본의 지배하에 놓이게 된다. 일본보다 28년 늦은 문호의 개방과 발달한 체제를 적극적으로 수용하지 못했던 우리의 자세가 치욕적인 식민지배를 불러온 셈이다.

제2차 세계대전이 끝난 1945년 우리는 제국주의 일본으로부터 독립하였고 1948년 대한민국을 수립하게 되었다. 이때 우리는 이승만 초대 대통령의 지도하에 미국으로부터 자유시장경제와 민주주의를 받아들였고, 북한은 김일성의 주도하에 소련으로부터 공산주의를 받아들였다. 현재 대한민국의 경제력이 북한의 수십 배에 달하는 것을 볼 때 어떤 선택이 더 현명했었는지 너무나도 자명하여 더는 설명이 필요 없으리라 생각한다.

우리의 민족사에서 보듯 어떤 문물을 받아들이고 앞선 문물에 대해 어떤 자세를 가지느냐에 따라 우리의 운명은 부침을 거듭해 왔다. 산업혁명 이후의 세계 각국은 경쟁적으로 과학기술을 발전시키고 이를 통한 기업 생산성 향상과 군비 확장을 통해 국가의 부와 힘을 키워 왔다. 우리는 비록 뒤늦게 이러한 경쟁에 참여하였지만 열세를 극복하기 위해 지난 70여 년 동안 전 국민이 합심하여 부단히 노력해 왔다. 현재 우리 대한민국은 조선, 철광, 자동차 및 가전 분야에서 세계적인 선두 그룹에 있으며, 반도체와 스마트폰 및 전기차 배터리의 첨단 생산국이며, 인터넷과 이동통신이 가장 발달한 나라로서, 국제 과학기술의 한 축을 차지하고 있다. 드라마, 영화, 웹툰과 아이돌 가수를 내세운 한류는 우리나라가 문화 강국으로 도약할 기회를 제공하고 있다. 이제 우리는 발달한 문물을 그냥 받아들이는 처지가 아니라 일부 분야에서는 그것을 선도하기도 한다. 자랑스러운 일이다.

그러나 현재 우리의 모습은 우려스러운 바가 없지 않다. 미국이나 유럽, 중국에서 활발히 진행되고 있는 원격진료가 우리나라에서는 반대에 부딪혀 실현되지 못하고 있다. 이미 세계 대부분의 나라에서 여객 수송의 일부분을 담당하고 있는 우버와 같은 차량 공유 서비스 또한 반대에 부딪혀 시작되지 못하고 있다. 자율주행 기술을 개발했지만 관련 규제가 미비하여 우리나라에서 창업하지 못하고 결국 미국에서 창업한 사업가도 있다. 혁신적인 형태의 새로운 교육기관의 설립은 미래의 성장을 위해서 필요하지만, 이 또한 관련 규정에 발이 묶여 꿈조차 꿀 수 없다. 핀테크와 금융의 발달에 필수적인 빅데이터에 대한 접근은 개인정보 보호라는 벽에 부딪혀 실현되지 못하고 있다. 이처럼 각종 규제와 기득권이 새로운 과학기술의 적용을 막고 있다. 이러한 상태가 계속된다면 세계 여러 나라와의 치열한 경쟁 속에서 우리는 뒤처지고 말 것이다. 지금까지 잘해 온 것에 만족하며 그대로 서 있기를 선택한다면 후발주자에게 선두권을 내어 줄 수밖에 없다. 우리가 미래 사회에서 선도적인 위치를 유지하기 위해서는 과학기술의 발전에 대해 좀 더 적극적이고 개방적이며 도전을 두려워하지 않는 자세를 가질 필요가 있다.

참고문헌

이재열, 『담장 속의 과학』, 사이언스북스, 2009.
김동욱, 『한국건축 중국건축 일본건축』, 김영사, 2015.
전봉희·권용찬, 『한옥과 한국 주택의 역사』, 동녘, 2012.
로즈 조지, *The big necessity*, Picador USA, 2014.
권내영, 『한식 인문학』, 헬스레터, 2019.
양향자·지영스님·김명선·김은정·박선현·박성희·배명순, 『발효식품의 세계』, 지구문화, 2019.
이미화 외, 『젓갈』, 김영사, 2004.
사이언티픽 아메리칸 편집부 지음, 김진용 옮김, 『식량의 미래』, 한림출판사, 2017.
김세현, 『면역력을 키우는 장내 미생물』, 지식과감성, 2020.
김구범 외, 『천연염색』, 학사원, 2000.
신동호, 『신동호의 발견의 즐거움』, 사이언스타임즈, 2006.
Kenneth Murphy, *Janeway's Immunobiology*, Garland, 2017.
하지홍, 『하지홍 교수의 개 이야기』, 살림, 2013.
권혁빈, 『유전학 입문』, 라이프사이언스, 2019.
존 그레이 지음, 김경숙 옮김, 『화성에서 온 남자 금성에서 온 여자』, 동녁라이프, 2010.
한국사상연구회, 『한국사상총서 Ⅰ: 고대인의 문화와 사상』, 태광문화사, 1975.
김동성·김영정·김호진·류현·박국권, 『알기 쉬운 비트코인 가상화폐』, 북스타, 2018.
김의중, 『인공지능, 머신러닝, 딥러닝 입문』, 위키북스, 2016.
오동희·최석환·황시영·장시복·김남이, 『수소 사회: 미래에너지 리포트』, 머니투데이, 2019.
류태호, 『4차 산업혁명 교육이 희망이다』, 경희대학교출판문화원, 2017.
클라우드 슈밥 지음, 송경진 옮김, 『클라우드 슈밥의 제4차 산업혁명』, 새로운현재, 2016.
이길행·김기홍·박창준·이현주·전우진, 『가상현실 증강현실의 미래』, 콘텐츠하다, 2018.
엘리야킴 미슬레브 지음, 박선영 옮김, 『혼자 살아도 괜찮아』, 비잉(Being), 2020.
유발 하라리 지음, 조현욱 옮김, 『사피엔스』, 김영사, 2015.
유발 하라리 지음, 김명주 옮김, 『호모 데우스』, 김영사, 2017.
한국민족문화대백과사전(https://encykorea.aks.ac.kr/)
네이버 지식백과
위키피디아
〈과학다큐 비욘드〉(EBS)
〈생로병사의 비밀〉(KBS)

찾아보기